U0711351

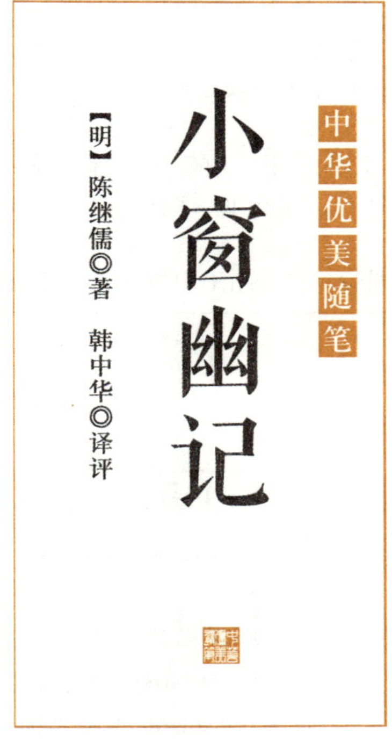

中华优美随笔

小窗幽记

【明】陈继儒◎著

韩中华◎译评

北京理工大学出版社
BEIJING INSTITUTE OF TECHNOLOGY PRESS

图书在版编目（CIP）数据

小窗幽记 / (明) 陈继儒著；韩中华译评. — 北京: 北京理工大学出版社, 2017.1
（中华优美随笔）
ISBN 978-7-5682-3398-9

Ⅰ.①小… Ⅱ.①陈… ②韩… Ⅲ.①人生哲学—中国—明代②《小窗幽记》—译文 Ⅳ.①B825

中国版本图书馆CIP数据核字(2016)第284734号

出版发行 / 北京理工大学出版社有限责任公司
社　　址 / 北京市海淀区中关村南大街 5 号
邮　　编 / 100081
电　　话 / （010）68914775（总编室）
（010）82562903（教材售后服务热线）
（010）68948351（其他图书服务热线）
网　　址 / http: //www.bitpress.com.cn
经　　销 / 全国各地新华书店
印　　刷 / 三河市金元印装有限公司
开　　本 / 889 毫米 × 1194 毫米　1/32
印　　张 / 13.75
字　　数 / 306千字
版　　次 / 2017 年 1 月第 1 版　2017 年 1 月第 1 次印刷
定　　价 / 45.00元

责任编辑 / 刘永兵
文案编辑 / 刘永兵
责任校对 / 周瑞红
责任印制 / 边心超

目 录
Contents

卷一 醒

醒食中山之酒，一醉千日，今之昏昏逐逐，无一日不醉。趋名者醉于朝，趋利者醉于野，豪者醉于声色车马。安得一服清凉散，人人解醒。集醒第一。

译 文

清醒时喝中山国的酒，一旦喝醉，千日不醒。如今世上的人都昏昏沉沉，可以说没有一天不在沉醉的状态。追求名声的人痴迷于朝廷的官位，追求功利的人沉醉于世上的财富，富贵的人沉迷于声色车马。怎么才能得到一服清凉散，使每个人都清醒过来。因此，编纂了第一卷“醒”。

评 析

酒醉的人，总有一刻会醒来，沉迷于世俗功利的人，何时才能醒来呢?

01

澹泊之守[1]，须从秾艳[2]场中试来；镇定之操，还向纷纭境上勘过[3]。

注 释

① 澹泊：淡泊。

② 秾艳：色彩艳丽，这里代指富贵奢华。

③ 勘过：验证。

译 文

淡泊宁静的持守，必须在富贵奢华的场合中才能检验出来；镇定自若的操守，必须通过纷繁复杂的环境才能得到验证。

评 析

富贵不能淫，贫贱不能移，威武不能屈，方是淡泊。淡泊明志，宁静致远。花花世界，车水马龙，诱惑人的事物太多，淡泊的心境能让人避免尘世的纷扰，我们越是身处复杂的环境，越需要坚守自己的底线，洁身自好。

02

使人有面前之誉[①]，不若使人无背后之毁；使人有乍[②]交之欢，不若使人无久处之厌。

注释

① 誉：动词，奉承、夸奖。

② 乍：初次。

译文

想让别人当面夸赞自己，不如让别人不在背后损毁自己。想让别人在初次交往时就对自己有好感，不如让别人在与自己长时间相处后也不觉得厌烦。

评析

每个人都在意第一印象，但也不必刻意假装，“路遥知马力，日久见人心”。人多是虚伪的，想要得到别人当面的赞美并不难，但是想要在背后不被诋毁却很难，所以，与其把自己束缚在别人的评价里，不如先做好自己，让人们真心赞美。

03

天薄我福，吾厚[①]吾德以迎之；天劳我形，吾逸[②]吾心以补之；天厄我遇，吾亨[③]吾道以通之。

注 释

① 厚：加强。

② 逸：放松。

③ 亨：加强。

译 文

命运赐给我的福分浅薄，我就加强我的德行来迎接它的挑战；命运让我的身体劳累，我便放松我的心情来弥补它；命运使我的际遇困窘，我就增强我的道义使它通达。

评 析

人们常说无福消受，实际上是对生活的自怨自艾。世事无常，困境在所难免，身处低谷更应该充实自己、提升自己。毕竟，条条大道通罗马，办法总比困难多。

04

澹泊之士，必为秾艳者所疑；检饰[①]之人，必为放肆者所忌。事

穷势蹙[2]之人，当原其初心；功成行满之士，要观其末路。

注 释

① 检饰：检点。

② 事穷势蹙：走投无路，穷途末路。

译 文

淡泊宁静的人，一定会被富贵奢华的人所怀疑；检点谨慎的人，一定会被恣意妄为的人所忌惮。走投无路的人，我们应该考察他最初的志向；功成名就的人，我们要观察他最终的结果。

评 析

谁笑到最后，谁才笑得最好。清心寡欲的人常常被生活奢靡的人所怀疑，行为放肆的人又会觉得言行谨慎的人做作不真诚。人生赢家不必羡慕，走投无路的人不必瞧不起，只要他不忘初心，迟早有东山再起的一天，风水轮流转，最后结果如何，大家都不知道。

05

好丑心太明，则物不契[1]；贤愚心太明，则人不亲。须是内精明，而外浑厚，使好丑两得其平[2]，贤愚共受其益，才是生成的德量。

注 释

① 契：契合。

② 平：平和。

译 文

如果将美和丑区分得太清楚，就无法与周围的事物相契合。如果把贤与愚区分得太明白，就无法与周围的人亲近。应该是内心精明，而外表仁厚，使美丑都达到平衡，贤愚都能得到好处，才是上天想让我们养成的品德和气量。

评 析

人世间没有绝对的美，也没有绝对的丑。美与丑的标准因人而异。水至清则无鱼，人如果太过挑剔，就会扭曲事物的真实面目，变得是非不分、不近人情。

06

伏[①]久者，飞必高；开先者，谢[②]独早。

注 释

① 伏：潜藏。

② 谢：结束。

译 文

长期潜藏在树林中的鸟，一旦准备起飞，必定会飞得很高；最先绽放的花朵，一旦凋谢，必定也是最早的。

评 析

万事万物都有发展的过程，长期的潜伏，使内涵在历练中变得充实丰厚，一旦有机会表现，便会一飞冲天、一鸣惊人。每个人的生命都是一座宝藏，开发这座宝藏，要慢慢来，不能急于求成。譬如酿酒，越陈方能越醇。

07

天欲祸人，必先以微福骄之，要看他会受；天欲福人，必先以微祸儆之，要看他会救。

译 文

上天想要给人祸患，一定会先给他一些福分，以使他骄傲自大，目的是看他是否能承受；上天想要给人福分，一定会先给他一些祸患，以使他警醒反思，目的是看他能否自救。

评 析

老子说：“祸兮福之所倚，福兮祸之所伏。”稍得福气便骄傲，唯有降祸了。福尽祸来，不堪受福，又何堪受祸？若得微福而不骄，即使是祸来，心也不惊。受福不骄，受祸不苦，是深明福祸之道，只有不为外物动心的人才能做到。天将降大任于斯人也，必先苦其心志，劳其筋骨，饿其体肤，欲降福而先降祸，是天之善意。先以微祸儆之，若能自救，即便他日祸来，也能顺利渡过。心态平和，处事泰然，遇到祸事才能逢凶化吉。

08

世人破绽[①]处，多从周旋[②]处见；指摘[③]处，多从爱护处见；艰难处，多从贪恋处见。

注 释

① 破绽：过失。

② 周旋：交际应酬。

③ 摘：指责。

译 文

世人言行上的过失，大多是在与他人交际中显现。世人指责别人，大多是出于爱护之心。世人觉得艰难的事情，大多是贪恋所致。

评 析

言多必失，交多必厌，而交际应酬是生活中不可缺少的，很难做到面面俱到。贪生者怕死，贪爱者怕失去，贪婪会让人处于艰难烦恼中。舍弃贪婪，无欲则刚。诚如佛陀在《涅槃经》中所说："因爱故生忧，因爱故生怖；若离于爱者，无忧亦无怖。"

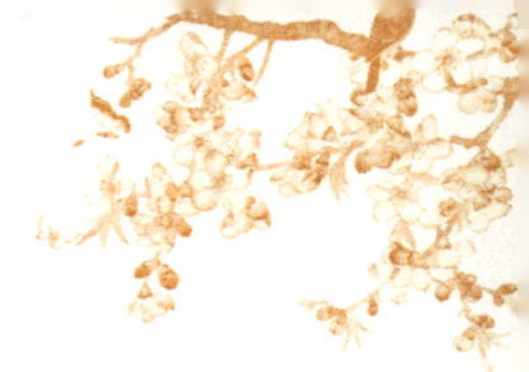

09

从极迷处识迷，则到处醒；将难放怀一放，则万境宽。

译 文

在最让人感到迷惑的地方识破迷惑，那么身处任何地方都会保持清醒。将内心最难以放下的事情放下，那么身处任何境遇都会保持豁达。

评 析

生命中有许多事情会让人迷惑，如果最令人沉迷的事物都能看破，那么就没有什么能让人沉迷的了。人心牵牵缠缠，天地却始终辽阔。眼前无路往往是心中无路，心中无路则是自己搬来石块挡道，如果将石块拿走，自然万境宽广，诸事顺遂。

10

良心在夜气清明之候，真情在箪食豆羹之间。故以我索[①]人，不如使人自反；以我攻人，不如使人自露[②]。

注 释

① 索：要求。

② 露：暴露。

译 文

在清静明朗的夜晚，才能看出一个人的良心，在粗茶淡饭的生活中，才能看出一个人的真情。所以，与其我不断要求别人，不如让人自我反省；与其我去攻击别人的缺点，不如让别人自己暴露出来。

评 析

我们每天“三省吾身”，尤其在夜深人静时，人更容易自我反省。别人活得好坏，不是我们去要求而能改正的，只能他自己醒悟；别人的缺点，也不需要我们指出或者取笑，自己暴露出来才会引人重视并改正。

11

一念之善，吉神随之；一念之恶，厉鬼随之。知此可以役使鬼神。

译 文

一个善良的念头，能使吉祥之神伴随身边；而一个邪恶的念头，能招来厉鬼跟随作恶。知道这个道理，人们就可以差遣鬼神了。

评 析

选择吉神还是厉鬼跟随，实际取决于我们心中的善恶之念，取决于我们自己是什么样的人。鬼神不能祸害人，福祸本自招。经常行善的人心胸坦荡，自己就是自己的吉神。心里满是凶狠恶意的人，即便身在人世，心已然在地狱；而心里充满美好善念的人，由于善

念带来的欣喜，便仿佛时时身处天堂。

12

佛只是个了，仙也是个了。圣人了了不知了，不[①]知了了是了了，若知了了便不了。

译 文

佛陀了却凡尘俗事，神仙亦是如此。而圣人智慧贤达，却不能了却凡尘俗事；不知道智慧贤达就能了却凡尘俗事，如果知道了反而不能了却凡尘俗事了。

评 析

人们常常自以为是，作茧自缚，总是去追逐自己得不到的东西，又不懂得珍惜眼前的事物，等到失去时才追悔莫及，念念不忘，完全不懂放下就可以收获快乐幸福。就连圣人要修成仙佛，也要放下心中执念，放下一切贪欲，专注修行，才能成就仙佛。

13

剖去胸中荆棘以便人我往来，是天下第一快活世界。

译 文

除去心中的芥蒂和障碍，与人真诚相处，这是天底下最快乐的事情。

评 析

古人云："君担簦，我跨马，他日相逢为君下；君乘车，我戴笠，他日相逢下车揖。"这便是对友情最美好的期待了。人人都除去心中的芥蒂和障碍，与人真诚交往，人人都将收获真挚的情谊，最终这个世界也将充满快乐，幸福和谐。

14

居不必无恶邻[①]，会不必无损友[②]，惟在自持者两得之。

注 释

① 恶邻：可恶的邻居。

② 损友：有害的朋友。

译 文

选择在哪里居住，未必要避开可恶的邻居；聚会交友时，未必要排除有害的朋友。关键在于自己，能够自己把持的人，即便是碰到恶邻和损友，也能从中受益。

评 析

不管是恶邻还是损友，都是在考验我们的定力和修养。对于恶邻，很多时候稍微忍耐一下也就过去了，即便不能忍耐，去交涉也要依理行事。至于损友，只要自己的定力足够强，就不会受到别人不好的影响。恶邻或损友，不过是自己修行的试金石罢了，如果烦恼不成为烦恼了，反而成全了我们的德行。

15

要知自家是君子小人，只须五更头检点，思想的是什么便得。

译 文

想要知道自己是君子还是小人，只需要在五更时分自我反省一下，看看自己所思所想究竟是什么，便会十分清楚了。

评 析

何为君子？何为小人？君子总是牺牲小我，在大局面前不会计较个人得失；而小人总是以个人利益为重，自私自利。在夜深人静的时候，心中的所有杂念全都暴露出来，我们无法保证自己心无恶念，却可以接受不完美的自己，不自欺欺人，选择善念过每一天。

16

童子智少，愈少而愈完；成人智多，愈多而愈散。

译 文

小孩子的智力发展不足，但学到的知识越少，天性保持得越完整；成年人的智力已经发育完全，但学到的知识越多，思想越散乱。

评 析

一旦知识累积得多了，就容易分散注意力。老子所说的“为学日益，为道日损”便是这个道理了。学得越多，想法就会越多，过于注重外在，而对内在却没有足够的认识。因此老子主张“为道日损”，只有一天天地减少欲念，才能达到“绝学无忧”的境界。

17

多躁者，必无沉潜[①]之识；多畏者，必无卓越之见；多欲者，必无慷慨之节；多言者，必无笃实[②]之心；多勇者，必无文学之雅。

注 释

① 沉潜：深刻。

② 笃实：踏实肯干。

译 文

性情过于浮躁的人，一定没有深刻的智慧；过于胆小的人，一定没有卓越的见识；有过多欲望的人，一定没有慷慨激昂的气节。言语过多的人，一定没有踏实肯干的诚心。过于勇猛的人，一定没有文学的风雅。

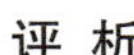

评 析

性情过于浮躁的人，很难潜心于学问，所以缺乏处世的智慧。而胆小怕事的人，往往没有主见，所以不会有卓越的见识。贪欲太重的人，大难临头之时，留恋太多，难以舍弃，又怎么可能慷慨地舍生取义呢？喜欢高谈阔论的人，也一定没有多少时间认真做事。过于勇猛的人，做事只凭力量，自然无法细细体会文学中的风雅。综合而言，多躁、多畏、多欲、多言、多勇都不好，因此为了让自己变得更好，我们要不断磨炼自己性格上的“多余”，这是一生的修行。

18

真放肆[①]不在饮酒高歌，假矜持[②]偏于大听卖弄。看明世事透，自然不重功名；认得当下真，是以常寻乐地。

注 释

① 放肆：不拘泥。

② 矜持：庄重。

译 文

真正的放肆，并不在于一定要饮酒高歌，而虚假的庄重偏偏是故作卖弄而不自然。能够将世事看得通透明白，自然就不会看重功名；能够明白当下什么是真实的，就能经常找到让心情愉快的地方。

评 析

我们要保持愉悦的心情，懂得生活的情趣，了解生活的真谛，不要浪费时间在一些无谓的事情上，不要被凡尘琐事束缚身心，从而活出自己的美好人生。

19

人生待足何时足，未老得闲始是闲。

译 文

人生如果总是期待得到满足，那到什么时候才能真正得到满足呢？在还没有年老的时候，心就已经变得悠闲，那才是真正的悠闲。

评 析

欲望永无止境，要想等到欲望一一得到满足，此生都不会实现，也就不会有得闲的时候了。人这一生最重要的是能弄明白自己内心真正想要的是什么，这样就不会被欲望驱使，一生辛苦辛劳，却体会不到满足的幸福感。因此，只要能在年老前，有这份知足的悠闲，就过上了最悠闲自在、幸福快乐的生活。

20

云烟影子里见真身，始悟形骸为桎梏[①]；禽鸟声中闻自性[②]，方知情识是戈矛。

注释

① 桎梏：束缚。

② 自性：本性。

译文

在云雾幻影中才能看见真正的自己，才领悟到有形的身体是束缚人的枷锁；在小鸟的叫声中听到自己的本性，才知道情感和知识是损害人的武器。

评析

人的心性本来是自由的，然而有形的躯体却成了我心性之外的责任，为了承担这责任，我们必须做很多事情，时时都要被自己的身体所牵绊。如果对肉身过于爱惜，想让它锦衣玉食，直到最后它奴役了我的生命，这肉身不就成了我的枷锁?

21

寒山[①]诗云：有人来骂我，分明了了知，虽然不应对，却是得便宜[②]。此言宜深[③]玩味[④]。

注释

① 寒山：号寒山子，是唐代贞观年间的高僧，好吟诗词，参禅顿悟，体会很深。

② 宜：使得。

③ 深：认真。

④ 玩味：思考体会。

译文

寒山子的诗中说："有人跑过来辱骂我，我明明听得十分清楚，虽然我没做任何反应，我却知道自己已经占了很大便宜。"这句话值得我们认真思考体会。

评析

"分明了了知，虽然不应对，却是得便宜"，这一方面战胜了自己，显示了自己的风度；另一方面是战胜了对方，别人无理取闹，而自己不做任何反应，对方只能自讨没趣。所以，当有人侮辱自己的时候，一定要保持淡定。狗咬了人，难道人还要咬回去吗？这便是玩笑话了。

22

花繁柳密处拨得开，才是手段；风狂雨急立得定，方见脚根。

译文

在繁花盛开、柳密如织的美好境遇中，如果能不受诱惑，来去自如，才是真正有办法的人；在狂风骤雨的危急状态下，还能站稳脚跟，坚定不移，才是真正有原则的人。

评析

好花不常开，好景不常在，眼前的繁花似锦，柳密如织，也只是一时的幻象罢了，有些人痴迷其中无法自拔，殊不知，越是美好的事物越是转眼即逝。唯有智慧的人才能看透这些虚幻的景象。万花丛中过，片叶不沾身，这才是真正有能力的人。

23

谈空反被空迷，耽静多为静缚。

译文

喜欢谈论空寂之道的人，反而容易被空寂所迷惑。沉迷在静寂中的人，反而容易被静寂所束缚。

评析

“谈空”即《心经》中提到的“五蕴皆空”，是要我们了解万事本无其永恒的体现，人们不要起执念，只有放下一切，才能摆脱苦厄。但是大部分人却做不到，谈空却又恋空，执取而不放。“耽静反为静缚”也是同样的道理，这里的“静”并不是指安静，让人摆脱世俗，找一个清净的地方待着。真正的静是心静，不被俗世困扰，在尘嚣之中也能保持心的静境。

24

贫不足羞，可羞[1]是贫而无志；贱不足恶，可恶是贱而无能；老不足叹，可叹是老而虚生[2]；死不足悲，可悲是死而无补。

注释

① 羞：羞愧

② 虚生：虚度。

译文

贫穷不值得羞愧，令人感到羞愧的是贫穷而没有志气；地位卑贱不值得厌恶，令人厌恶的是卑贱而又没有能力；年老不值得叹息，令人叹息的是年老时才发现自己虚度一生；死亡也不值得悲伤，令人感到悲伤的是死得对他人毫无益处。

评析

这世上富有的人很多，但是这些人不一定受到尊重，比如贪官污吏、奸商强盗，虽然富有却遭人唾骂。有的人也许很贫穷，但是道德高尚，为人正直善良，值得尊敬和称颂。可见，一个人值不值得尊敬，不是看他的财富，而是看他的道德修养。

25

彼无望德，此无示恩，穷交所以能长。望不胜奢，欲不胜餍，

利交所以必伤。

译 文

对方不期望从你这儿获得什么恩德，你也不会故意表示给予对方什么恩惠，这是贫穷之交可以保持长久的原因。如果老是奢望获得利益，而欲望又无法得到满足，这是利益之交必然会反目生怨的原因。

评 析

贫穷的人没有那么多物质条件，在交朋友时，双方都不奢望从对方那里得到什么利益或者恩惠，交友就是要交心。正是因为和利益无关，所以友情也不会因为双方的贫富差距而有什么改变，这种情况下，友谊才能持久。

26

金帛多，只是博得垂老时子孙眼泪少，不知其他，知有争而已；金帛少，只是博得垂老时子孙眼泪多，不知其他，知有哀而已。

译 文

有很多金银财物，只能换来老年时子孙的少量眼泪，他们不知道还有别的什么东西，知道的只有争夺财产罢了；金银财物少，只能换来老年时子孙的很多眼泪，他们不知道还有别的什么东西，知道的只有哀伤罢了。

评 析

有钱能使鬼推磨，一分钱难倒英雄汉，可见钱真是个好东西。可等到年老之时，子孙为了财产而反目成仇，难道不是钱引起的悲哀吗?

27

笔之用以月计，墨之用以岁计，砚之用以世[①]计。笔最锐，墨次之，砚钝者也。岂非钝者寿而锐者夭耶？笔最动，墨次之，砚静者也。岂非静者寿而动者夭乎？于是得养生焉。以钝为体，以静为用，唯其然是以能永年。

注 释

① 世：古时以父子相继为一世。

译 文

一支毛笔的使用寿命是用月来计算的，一块墨锭的使用寿命是用年来计算的，一块砚台的使用寿命则是用人的一辈子来计算的。毛笔是最锐利的，墨锭其次，砚台是最钝的。这难道不是钝器比较长寿而利器短命吗？毛笔动得最多，墨锭其次，砚台安静不动。这难道不是安静的人长寿而多动的人短命吗？从这些就能知道养生之道了。以迟钝为本体，用安静的方法，唯有这样做才能长寿。

评 析

老子的《道德经》中有一篇文章讲的是“以柔克刚”的典故，牙

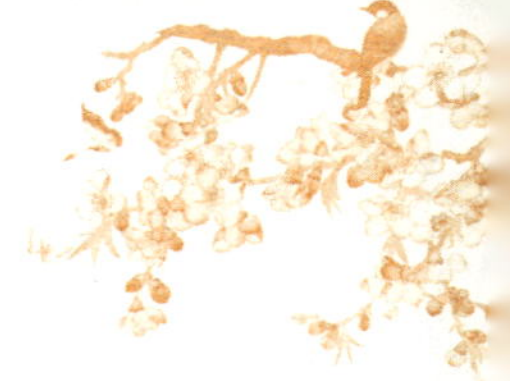

齿是人身上最坚硬的东西，但是等到老年，牙齿全都会掉光。而最柔弱的舌头却依然完好无损。其实为人处世也应该如此，过刚易折，真正有智慧的人应该柔和低调行事，这是大智若愚的境界。

28

讳贫者死于贫，胜心使之也；讳病者死于病，畏心蔽之也；讳愚者死于愚，痴心覆之也。

译 文

忌讳贫穷的人最后死于贫穷，这是由争强好胜之心驱使的结果；忌讳疾病的人死于疾病，这是由畏惧之心蒙蔽的结果；忌讳愚蠢的人死于愚蠢，这是被痴迷的心遮掩的结果。

评 析

如果此生与荣华富贵无缘，那就安贫乐道好了，去过悠然自得的生活。讳疾忌医而延误病情，这真是再愚蠢不过了，因为这样导致死亡，更是不值得。

29

书画为柔翰[①]，故开卷张册贵于从容；文酒为欢场[②]，故对酒论文忌于寂寞。

注 释

① 柔翰：指毛笔。这里借指雅致事。

② 欢场：快乐事。

译文

写字绘画是雅致事，所以展开卷轴、打开纸册时贵在从容不迫；饮酒赋诗是快乐事，所以对酒作文切忌寂静落寞。

评析

饮酒作诗之乐事，讲究的是无拘无束，应当选择在热闹自由的场所；写字绘画这类雅致的事情，一定要悠闲从容，欲速则不达。

30

密交定有夙缘[①]，非以鸡犬盟也。中断知其缘尽，宁关萋菲[②]间之。

注释

① 夙缘：前生因缘。

② 萋菲：也作“萋斐”，花纹错杂的样子。后比喻谗言。

译文

能够密切交往的朋友一定是有前世的因缘，而不是歃血为盟的

形式就可以做到。如果交往中断就是缘分已尽，难道是被谗言离间的吗？

评 析

交朋友也要看缘分，不是简单地歃血为盟就可以成为真心的朋友，要后天相处才能了解一个人，才能确定这个朋友是否值得结交。交友要交心，如果不够真诚，友谊就会中断。而如果有中断联系的朋友，我们也要学会释然，缘分已尽，无须去追究原因，真正的朋友不会被谗言离间。

31

开口辄生雌黄月旦之言，吾恐微言将绝，捉笔便惊。

译 文

如果一开口就是信口雌黄、议论是非的话，我恐怕再也说不出精深微妙的言论了，因此一拿起笔我便心惊害怕。

评 析

说话要有理有据、真情实意，如果信口雌黄久了，又全是议论他人是非的话，就会成为只会说大话空话的人，即使口若悬河，也没有人愿意听。要对自己说的话负责，对自己写的文章负责，时常抱有敬畏心，才有真知灼见，不会思维枯竭。

32

攻取之情化，鱼鸟亦来相亲；悖戾之气销，世途不见可畏。吉人安详，即梦寐神魂，无非和气；凶人狠戾，即声音笑语，浑是杀机。

译 文

如果能化解进攻夺取的情势，鱼和鸟也会与你亲近；如果能消除执拗暴戾的脾气，人生的旅途便无所畏惧。善良的人安详平和，即使梦见了鬼神，也是和和气气的；凶恶的人狠毒狂暴，即使是欢声笑语，听起来也全是杀机。

评 析

人生的旅途漫长，难免会遇到坎坷。我们要学会克服自身的弱点，学会与人和气相处，得道者多助，这样漫漫人生路就会通畅许多。

33

好辩以招尤，不若讱嘿[①]以怡性；广交以延誉，不若索居以自全；厚费以多营，不若省事以守俭；逞能以受垢，不若韬精[②]以示拙。费千金而结纳贤豪，孰若倾半瓢之粟以济饥饿？构千楹[③]而招徕宾客，孰若葺数椽之茅以庇孤寒？

注 释

① 讱嘿（rèn mò）：语言迟缓，慎言。嘿，同“默”。

② 韬精：掩饰才华。

③ 楹：古代房屋计量单位。

译 文

因喜欢争辩而招来他人的指责，不如谨言慎行来怡养性情；广交朋友来传扬声誉，不如离群索居以保全自身；花费很多钱财和精力四处经营，不如省心省力自守节俭；因为逞能而遭到他人诟病，不如掩饰才华显示自己的笨拙。花费千金去结交贤人豪杰，怎能比得上给饥饿的人半瓢米饭呢？建造千间房屋招揽宾客，怎能比得上修葺茅草小屋来庇护孤独贫寒之人呢？

评 析

言多必失，费尽心思求得名誉，必定会遭人非议。过慧易折，逞能的人总有一天会碰到挫折。穷则独善其身，达则兼济天下。锦上添花之事虽好，雪中送炭更能见真情。

34

恩不论多寡，当厄的壶浆，得死力之酬；怨不在深浅，伤心的杯羹，召亡国之祸。

译 文

恩惠不论多少，在他人正遭受厄运时给予的一壶浆饭，就可以得到为你献身的回报；积怨不在深浅，使人伤心的一杯肉羹，就可以导致亡国的大祸。

评 析

要在危难的时候帮助别人，要在最微末的时候化解恩怨。

35

士途须赫奕，常思林下的风味，则权势之念自轻；世途须纷华，常思泉下的光景，则利欲之心自淡。

译 文

仕途虽然显赫荣光，要经常想想退隐山林的情调，那么追逐权势的心自然就减轻了；人生途中虽然繁华喧嚣，要经常想想九泉之下的光景，那么追逐利益欲望的心自然也就变淡了。

评 析

人人都想拥有权力和金钱，诱惑无法抵挡，亦不可以避俗。如果人心可以超脱，灵魂可以神游，还怕诱惑吗?

36

居盈满者，如水之将溢未溢，切忌再加一滴；处危急者，如木之将折未折，切忌再加一搦[①]。

注 释

① 搦（nuò）：按下。

译 文

处于巅峰状态的人，就如同水已满将要溢出一样，千万不能再增加一滴；处于危急状况的人，就如同快要折断的树木一样，千万不能再加一点力量按下去。

评 析

万事有度，水满而溢，盛极则衰，什么事情都不能过度，要适可而止。

37

为恶而畏人知，恶中犹有善念；为善而急人知，善处即是恶根。

译 文

做了坏事而害怕被别人知道，说明此人的性格中还有善念存在；做了一点善事便急于让别人知道，说明此人在善事中表现出了性恶的劣根。

评 析

人之初，性本善。做好事不是为了让他人赞美，更不必到处炫耀。每个人都是不完美的，有善念有恶念，有好思有坏想。约束和理智才能抑制恶念，努力和坚持才能保持善念。

38

贪得者身富而心贫，知足者身贫而心富；居高者形逸而神劳，处下者形劳而神逸。

译 文

贪得无厌的人虽然物质上很富有，但是精神上是贫穷的；知足常乐的人虽然物质上贫穷，但精神上却是富有的。身居高位的人看起来很安逸，但精神上却非常疲倦；普通百姓尽管身体疲劳，但精神上是放松的。

评 析

当官自有当官的好处，当然也有当官的烦恼；为民自有为民的清贫，当然也有为民的自在。物质得到满足后，就要开始追求精神上的欢愉；精神拥有自由后，就开始追求物质的丰足。人生在世，各有其乐，各得其乐。

39

书画受俗子品题，三生浩劫；鼎彝[①]与市人赏鉴，千古异冤。脱颖之才，处囊而后见[②]；绝尘之足，历块[③]以方知。

注 释

① 鼎彝：古代祭祀器具。

② 处囊而后见：出自《史记·平原君虞卿列传》，这里是指有才智的人一定会出人头地。

③ 历块：出自《汉书·王褒传》："过都越国，蹶如历块。"后以"历块"形容疾速。

译文

名贵书画被凡夫俗子把玩评论，就像是遭受了三生灾难；珍贵的鼎彝之器如果被摆在集市上让人鉴赏，简直就是蒙受了千古奇冤。才能出众的人，就像处在布袋之中的锥子，其锋芒终究会显露出来；良驹飞奔的足迹，只有迅疾得穿过一国才会被人知晓。

评析

宝贵的东西要让懂其价值的人来欣赏，否则就遭受三生浩劫、千古奇冤。命运是公平的，是金子总会发光，是锥子终会出头，我们只要坚持积累自己的实力就好。

40

结想奢华，则所见转多冷淡；实心清素，则所涉都厌尘氛。多情者不可与定妍媸[1]，多谊者不可与定取与，多气者不可与定雌雄，多兴者不可与定去住。

注释

① 妍媸（chī）：即妍蚩，指美好和丑恶貌。

译文

心里老是想着奢华繁盛的情景，那么所见到的多属冷淡之景；

满心希望过清静平淡的生活，那么所遭遇的都是令人厌倦的尘俗氛围。不要与多情的人争辩美和丑，不要跟交情深的人判断索取和给予，不要和经常生气的人争论高下，不要与兴致高昂的人商量去留。

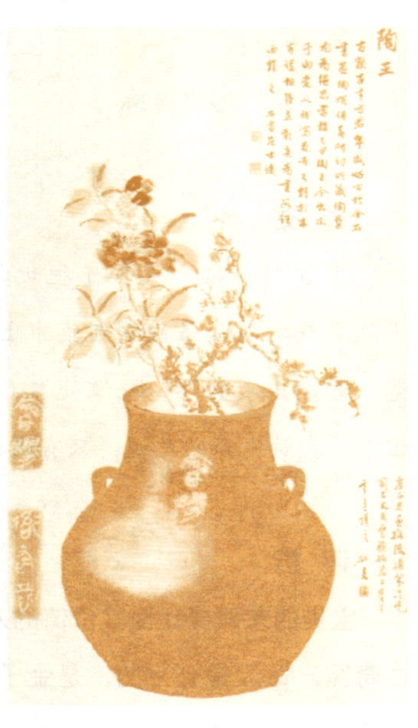

评 析

活在当下，感恩现在拥有的，就能幸福在此时。要学会灵活应对各种事情，面对不同的人和事，采用不同的方法来应对。

41

待富贵人，不难有礼，而难有体；待贫贱人，不难有恩，而难有礼。

译 文

对待富贵的人，不难做到有礼貌，难做到的是得体；对待贫穷的人，容易做到的是施加恩惠，难做到的是以礼相待。

评 析

人无贵贱之分，也不应分为三六九等去对待。如何对每个人都能以礼相待，得体应对，展现了一个人的德行修养，是每个人需要终生修行的功课。

42

看中人，在大处不走作；看豪杰，在小处不渗漏。

译 文

看一般人，在大事上有没有出岔子；看英雄豪杰，在细微处有没有出纰漏。

评 析

细节之处见品质。谁是“豪杰”，谁是“中人”？主要看他能否认真做事，把握细节，即便是小事也能做到极致，便是超越“中人”的“英雄豪杰”。

43

安详是处事第一法，谦退是保身第一法，涵容是处人第一法，洒脱是养心第一法。

译 文

从容稳重是处理事情的第一法则，谦恭退让是保全自己的第一法则，包涵宽容是与人相处的第一法则，潇洒超脱是颐养身心的第一法则。

评 析

为人处事，要保持从容不迫、谦恭有礼、宽宏大量、随性洒脱的良好品质。

44

处事最当熟思缓处。熟思则得其情，缓处则得其当。

译 文

处理事情的时候，最恰当的做法是深思熟虑和缓慢处理。对问题反复思考，深思熟虑，就能了解事情的原委；延缓时间慢慢处理，就能防止失当偏颇。

评 析

事缓则圆。遇事时要冷静，切勿急躁，切勿带着情绪处理问题。但是，具体问题也需要具体分析，有时深思可以缓处，有时事情紧急不容深思时也要做到从容不迫，当机立断。

45

神人之言微，圣人之言简，贤人之言明，众人之言多，小人之言妄。

译 文

神仙说的话微言大义，圣人说的话言简意赅，贤人说的话清楚明白，众人说的话喋喋不休，小人说的话狂妄荒诞。

评 析

有理不在声高，有用不在多少。沉默寡言不代表笨嘴拙舌，可能恰恰是圣明贤德之人的微言大义，言简意赅；喋喋不休也不能代表能言善辩，可能恰恰显示出你的无知短浅。

46

士君子不能陶熔人，毕竟学问中工力未透。

译 文

有学问而品德高尚的人影响不了其他人，究其原因是学问和德行的实际功力达不到火候。

评 析

检验自己学问和德行的最好办法，就是能否感召他人。想要做他人的榜样，首先自己要成为榜样。

47

出一个丧元气进士，不若出一个积阴德平民。

译 文

与其培养出一个丧失道德

精神的进士，还不如培养出一个常做善事积阴德的平民百姓。

评 析

人活一口气。人的躯体不过是一副皮囊，人与皮囊的区别就是多了这个“气”字罢了。读再多的书，没有气节，不如不读书，只剩一具皮囊罢了。

48

花棚石磴，小坐微醺。歌欲独，尤欲细；茗欲频，尤欲苦。

译 文

在花棚下的石阶上稍坐片刻，有种微醉的感觉。歌唱要独自一人，声音更加悠扬清婉；品茶要多饮几杯，更能体会苦涩的味道。

评 析

在花棚下的石阶下，随意小坐，有种微醺的小确幸。一边唱着小曲，体会独自歌唱的清音；一边品茶，细品略带苦涩的回味甘甜，如此逍遥自在的心境，简直是神仙般的生活，令人羡慕！

49

善嘿[①]即是能语，用晦[②]即是处明，混俗即是藏身，安心即是适境。

注释

① 嘿（mò）：同“默”。这里指沉默寡言。

② 晦：昏暗。此处指掩饰才能。

译文

善于沉默就是能言善辩，隐藏才能就是明哲保身，混入俗世才是最好的藏身之法，内心安定就是适应环境。

评析

真正有大智慧的人，不会在意表面的鲜花掌声，光鲜亮丽的成功展示，只专注于自己内心的丰沛，懂得韬光养晦，保全自己，能适应各种环境。

50

径路容处，留一步与人行。滋味浓时，减三分让人嗜。此是涉世一极安乐法。

译文

在经过狭窄的道路时，要留点余地让别人走。在享受美味时，要减三分热情，分享给别人。这是为人处世中获得安乐的最好方法。

评析

在生活中，给别人留余地，就是给自己留余地。多为别人着想，自己的生活会更加快乐，自己的人生也会更加开阔。

卷一 情

语云：当为情死，不当为情怨。关乎情者，原可死而不可怨者也。虽然既云情矣，此身已为情有，又何忍死耶？然不死终不透彻耳。君平之柳[①]，崔护之花[②]，汉宫之流叶[③]，蜀女之飘梧[④]，令后世有情之人咨嗟想慕，托之语言，寄之歌咏。而奴无昆仑[⑤]，客无黄衫[⑥]，知己无押衙[⑦]，同志无虞侯，则虽盟在海棠，终是陌路萧郎[⑧]耳。集情第二。

注 释

① 君平之柳：据唐代许尧佐《柳氏传》记载，唐代诗人韩翃韩君平的爱妾柳氏在战乱中被抢走，同府的虞侯许俊为他把柳氏抢回来。

② 崔护之花：据《本事诗·情感》记载，唐朝诗人崔护，在清明时节出城游玩，因口渴到一户人家要水喝，钟情于那家女子。等到来年清明节，崔护再到此处时，发现门已紧锁，再也不见美人。于是在门上题诗："去年今日此门中，人面桃花相映红。人面不知何处去，桃花依旧笑春风。"

③ 汉宫之流叶：据唐代范摅《云溪友议》记载，唐宣宗时，卢渥前往京城赶考，途中在御沟的流水中洗手，在水中发现一片题诗的红叶。后来，他娶到这位题诗的宫女。

④ 蜀女之飘梧：在唐传奇《梧桐叶》中，西蜀人任继图与妻子李云英分离，多年杳无音信。后来李云英思君心切，在梧桐叶上题诗，被任继图捡到而得以夫妻团圆。

⑤ 奴无昆仑：在唐传奇《昆仑奴》中，记载了一个昆仑奴为主人抢所爱女子的故事。

⑥ 客无黄衫：在唐传奇《霍小玉传》中，记有一个穿黄衫的壮士把负心郎劫去见霍小玉的故事。

⑦ 知己无押衙：在唐传奇《无双传》中，记有侠士古押衙帮助无双与王仙客成亲之事。

⑧ 萧郎：指女子所爱的男子。

译文

有人说：应该为感情而死，而不应该因为感情而生出怨恨。感情本身，原本就是你情我愿，可以为对方而死，但不应该产生怨恨之心。谈论感情的话虽然是这样说的，但此身已经被情占有，又怎么能忍心去死呢？然而，不死终究不能体会情爱的深刻。韩君平与爱妾柳氏的故事，崔护的人面桃花的故事，红叶题诗的故事，以及西蜀夫妻因飘落的梧桐叶而团圆的故事，都让后世的有情人感叹羡慕，并用文字记载或歌咏而流传下来。然而，我既没有为我飞檐走壁的昆仑奴，也没有身着黄衫的壮士，又没有像押衙一样的侠士朋友，更没有像虞侯一般的同道中人，那么，即使是海棠花下的海誓山盟，最终也难逃分离的命运。因此，编纂了第二卷“情”。

评 析

人人都希望有情人终成眷属，远离离恨天。然而，姻缘之事难以预测，世上最多的还是最终分道扬镳的情人，所以人们更加称颂传扬这种真情。要么勘破，要么继续在情海中沉沦，毕竟感情的事情，如人饮水冷暖自知。

01

费长房[1]缩不尽相思地，女娲氏补不完离恨天。

注 释

① 费长房：据《神仙传》中记载，费长房跟从壶公学习道术，壶公问他想学什么。费长房说，想把全世界都看遍。于是，壶公给了他一根缩地鞭。费长房利用这根缩地鞭，想到哪里，就可以到哪里。

译 文

即使有费长房的缩地鞭，也不能缩尽相思的距离；就算有女娲的五色石，也无法补全离人破碎的情天。

评 析

女娲炼石补天，但补不全离恨天。天本无恨，离别之人心里有恨。贾宝玉虽是顽石，也难补黛玉魂归之恨，石头本无情感，却在人世间牵扯出这么多缠绵的情感。胡适先生说："也想不相思，可免相思苦，几次细思量，情愿相思苦。"可见世上真情的魅力，相思的难解。

02

枕边梦去心亦去，醒后梦还心不还。

译 文

一进入睡梦中，心也随着梦境来到了他的身边；醒来以后，心却没有从梦境中回来。

评 析

处在相思中的人，常常茶不思、饭不想，样子失魂落魄。身体不能在一起，只能在梦里相遇了。可梦终究是梦，总有醒来的时候，梦醒了，该怎么办呢?

03

阮籍邻家少妇，有美色当垆沽酒，籍常诣饮，醉便卧其侧。隔帘闻坠钗声，而不动念者，此人不痴则慧，我幸在不痴不慧中。

译 文

阮籍邻家有一个十分漂亮的少妇，她在店铺卖酒，阮籍经常去那儿喝酒，喝醉了就睡在她的身边。隔着帘子听到心上人玉钗落地的声音，而心里还能不起邪念的人，这个人如果不是痴人便是智慧超群的人，幸亏我不是痴人也不是智慧超群的人。

评析

阮籍是竹林七贤之一，常常以青眼、白眼对待不同的人，虽然他言行任性放纵，但是性情至真，是个智慧超群的人。他常常沉醉于酒中，是因为实在不愿看到世间种种丑态，醉翁之意，只求一醉，即便美人在侧，玉钗坠地，又怎会动心？醉人不关心有没有情，痴人又不解风情，只有不痴不醉的人才会为情动心，任情丝缠绕，无止无尽了。

04

花柳深藏淑女居，何殊三千弱水[①]；雨云[②]不入襄王梦，空忆十二巫山。

注释

① 三千弱水：《山海经》：“昆仑之北有水，其力不能胜芥，故名弱水。”后被用来泛指险而遥远的河流；《红楼梦》中被引申为爱河情海。

② 雨云：指巫山云雨的典故，后指代男欢女爱。语出战国时期楚国宋玉的《高唐赋》：“妾在巫山之阳，高丘之阻，旦为朝云，暮为行雨。”

译文

在花丛柳荫的深处，藏着幽静美好的女子的深闺，这与蓬莱之外三千里的弱水有什么不同呢？巫山行云布雨的神女，如果不来襄王的梦境，只能空忆巫山十二峰。

评析

三千弱水隔蓬莱，我想除了仙女，恐怕没有人能渡过去吧。神女如果不进入凡人的梦境，怎会有与周襄王的美好相遇？古代女子幽居深闺，无法与情郎相见，也许只有像神女一样在梦里才能穿越这重重花柳、高锁围墙，抵达心上人身边了。

05

黄叶无风自落，秋云不雨长阴。天若有情天亦老，摇摇幽恨难禁。惆怅旧欢如梦，觉来无处追寻。

译文

黄叶即便没有风，也会独自飘落，秋天的云彩，虽然不下雨也常常被乌云覆盖而显得阴沉。老天如果有感情，一定也会因情生愁而日渐衰老，这种在心中无所依着的幽恨让人难以承受。回想起昔日的快乐时光，好像身在梦中一般，真是让人惆怅。梦醒以后，要到哪里去找寻昔日的快乐呢？

评析

情愁就像黄叶无风自落，秋云无雨自阴，因为情之所至，一往而深。也难怪人会因情落得憔悴，“天若有情天亦老”。

06

填平湘岸都栽竹[①]，截住巫山不放云。

注释

① 竹：即湘妃竹，借指忠贞的爱情。

译文

应该把湘水两岸填平，都种上斑竹；更应该将巫山的云都截住，永远都不放走。

评析

痴人说的情话，听起来满是真情流露。娥皇女英泪洒斑竹，有情人竟至于此，真是让人感叹。她们的眼泪，实际上是天下有情人共同流下的眼泪。云怎能被截住呢? 想把云留住，无非是想把人留住，可是不放又能如何呢? 该走的还是会走。截云留梦，不过是截得万般离愁别绪罢了。

07

那忍重看娃鬓绿[①]，终期一过客衫黄[②]。

注 释

① 娃鬟绿：指美丽女子的靓丽秀发。娃，是吴地对美女的称谓。

② 衫黄：黄色的衣衫。

译 文

哪能忍心在镜子前反复看自己这青春的美貌和乌黑靓丽的秀发，终究是希望能像霍小玉一样遇到穿着黄衫的侠客，将那负心的情郎带回来。

评 析

在李益与霍小玉的爱情故事中，穿着黄衫的侠客硬把李益带到小玉家中，再见负心人的小玉发下爱情毒誓后伤心立死。既知相思苦，多情女子却不罢休，依然等着负心郎回来，让自己在愁怨中度日，不过是辜负了青春年华，害了自家性命。

08

幽情化而石立[①]，怨风结而冢青[②]；千古空闺之感，顿令薄幸惊魂。

注 释

① 石立：指痴情的女子盼望夫君归来，整日遥望远方，最后化为石头的故事。

② 冢青：指昭君坟。

译 文

幽深的感情化成了伫立的望夫石，哀怨的情愁凝成了坟冢上的青草；千古以来女子独守空闺的怨恨，顿时让负心的男子感到心惊胆战。

评 析

多情女子的幽怨化为一股力量，可以令千古负心汉惊心动魄，也化作当今女子处理感情的智慧，“你若无情我便休，往事如昨易白头”。

09

良缘易合，红叶亦可为媒；知己难投，白璧①未能获主。

注 释

① 白璧：春秋时期楚人卞和发现了一块藏有美玉的璞石，献给楚厉王，厉王不信，说他是骗子，砍掉了他的左脚。后来又献给继位的武王，又不相信，又砍去了他的右脚。等到文王继位，卞和抱璞石而哭，文王找人打开璞石，得到绝世无双的美玉，即“和氏璧”。

译 文

美满的姻缘容易结合，即使是一片红叶都能成为媒人；知己却难以找到，即使是绝世美玉，也找不到赏识它的主人。

评 析

人世间的一切都是因缘既定，红叶做媒，流水传情，成就了美好的爱情故事。一颦一笑，皆是前定，一憎一恼，无非夙因。连绝世美玉都找不到懂得赏识之人，找到一个真正的知己谈何容易?

10

无端饮却相思水，不信相思想煞人。

译 文

无缘无故地喝下了相思之水，不相信真的会让人想念到死。

评 析

很多事都没什么道理可言，无缘无故认识了一个人，无缘无故心里牵挂着对方，无缘无故让自己苦不堪言。有端之事至少可以遵循某些道理，可以预测避免伤害，偏偏是情感这种无端之事，毫无道理可循，最后让人愁肠寸断。

11

陌上[①]繁华，两岸春风轻柳絮；闺中寂寞，一窗夜雨瘦梨花。芳草[②]归迟，青驹[③]别易；多情成恋，薄命何嗟。要亦人各有心，非关女德善怨。

注 释

① 陌上：路旁，街道。

② 芳草：原意为香草。此处指贤德或忠贞之人。

③ 青驹：据说是生长于青海的良马。这里指骑马。

译文

路边繁花盛开，河畔的春风吹散柳絮；深闺中的寂寞，就像一夜风雨将梨花打落，使人迅速消瘦。无心则骑马离开，望断芳草路途，心上的人却迟迟没有归来；多情而依依不舍，红颜薄命又何必嗟叹？因为人的心中各怀情意，并非女人天生就善于怨恨啊。

评析

春日繁花正盛，可是深闺女子的离愁别绪，却如同柳絮被风轻轻吹起。独自一人的寂寞，让她迅速消瘦。情为何物？让这么多人忧思萦绕，肝肠寸断。并非只有女人善于怨恨，男儿也会有相思之苦，只看心里有没有情意了。

12

幽堂昼深[①]，清风忽来好伴；虚窗[②]夜朗，明月不减[③]故人。

注释

① 昼深：白天深长。

② 虚窗：虚掩的窗户。

③ 不减：没有改变。

译 文

幽静的厅堂，白天显得格外漫长，忽然一阵清风吹来，如同朋友般亲切。虚掩的窗户，显出夜色的清朗，明月的容颜，就像故人的情意一样，丝毫没有改变。

评 析

人间情谊难以言表，知己好友终不能长久相伴，思念远方朋友，却不能相会。只能将思念寄托于外物，天地万物仿佛都有了情意，清风可为良伴，明月可寄相思。明月是多么有情啊，夜夜窗外相伴。明月照我也照故人，天涯共此时，望明月便是思故人了。

13

薄雾几层推月出，好山无数渡江来。轮将秋动虫先觉，换得更深鸟越催。

译 文

天上的几层薄雾散去，把月亮推了出来，隔江望去，远处无数山峰似要渡江而来。秋天还没来到虫子就先察觉到了，深更半夜，鸟儿的鸣叫似是催促声。

评 析

景由情生。美丽的心情，能看到美丽有趣的景致，即使是稀薄云层的月空，隔江朦胧不清的远山，在这样一个夜晚，连虫鸣鸟叫都自有一番热闹景象。

14

醉把杯酒，可以吞江南吴越之清风；拂剑长啸，可以吸燕赵秦陇之劲气。

译 文

醉里把酒豪饮，可以吞吐江南吴越的清风；挥剑长啸，可以吸纳燕赵秦陇的豪气。

评 析

醉中有多大乾坤？剑中有多少豪气？人来到这世上走一遭不容易，必须留下一些功绩供后人评说。

15

林花翻洒，乍飘扬于皋兰[1]；山禽啭响，时弄声于乔木。

注 释

① 皋（gāo）兰：泽边的兰草。

译 文

树林中的花绽放着，忽然随风飘扬在兰草地边；山中的禽鸟婉

转鸣叫，不时地在乔木丛中弄出点声响。

评 析

野花在兰草旁边盛开，鸟儿在乔木中弄出悦耳的声响。山林中这么美好的景象，让人的心灵远离了俗世的喧嚣。

16

春娇满眼睡红绡，掠削云鬟旋妆束。飞上九天歌一声，二十五郎吹管逐。[①]

注 释

① 全诗：出自唐代元稹《连昌宫词》。二十五郎，邠王李承宁善吹笛，排行二十五。

译 文

满眼娇艳之态的女子睡在红绡帐中，用手轻快地梳理了一下头发，马上装束完毕。一曲高歌飞上九天，响彻云霄，二十五郎吹笛子附和着她的歌声。

评 析

春妆千娇百媚，一曲高歌感动上苍，可是，歌声何人来听，曲子何人来赏。

17

青娥[①]皓齿别吴倡，梅粉[②]妆成半额黄[③]。罗屏绣幔围寒玉[④]，帐里吹笙学凤凰[⑤]。

注释

① 青娥：主管霜雪的女神。一般指美丽少女。

② 梅粉：指梅花或蜡梅花。

③ 额黄：六朝时，妇女在额头上涂饰黄色。

④ 寒玉：本指玉石。此处指容貌清俊。

⑤ 凤凰：此处指古乐中的《凤律》。

译文

有着明眸皓齿的美丽少女，结束了歌舞生活，用梅花在自己额头上涂上黄色妆扮。罗屏绣幔包裹着容貌清俊的美女，在帐幕里吹笙学习《凤律》的曲调。

评析

古代男子奔赴战场，女子入绣帐。古代的分工形式就是这样，也是当时大众颇为推崇的，由古时的社会生产力和实情决定。

18

肝胆谁怜，形影自为管鲍[①]；唇齿相济，天涯孰是穷交？兴言及此，辄欲再广绝交之论，重作署门之句[②]。

注 释

① 管鲍：指春秋时代的管仲和鲍叔牙。两人相知最深。

② 署门：典出《史记·汲郑列传》："始翟公为廷尉，宾客阗门，及废，门外可设雀罗。翟公复为廷尉，宾客欲往，翟公乃大署其门曰：'一死一生，乃知交情。一贫一富，乃知交态。一贵一贱，交情乃见。'"

译 文

一身肝胆谁会怜惜，自己的身体和影子，就像是管仲和鲍叔牙一样相知；唇齿相依，天涯处谁是我的穷困之交？一时兴起说到这里，就想再宣传一下绝交论，所以重新写作门楣上的字句。

评 析

两个人要成为朋友，一定要有相同的价值观。如果要相知，就必须"臭味相投"。然而要真切地了解一个人是需要花时间的，所以交朋友需要很长时间。但是毁掉友谊，却很容易。这样说来，应该不管不顾地去交朋友，还是干脆就不交朋友？把握怎样一个度，这需要自己去体会了。

19

当场笑语，尽如形骸外之好人；背地风波，谁是意气中之烈士？

译 文

当面的时候是笑脸欢语，好像全都是身体之外的好人；背地里制造风波是非，还有谁是意气风发的刚烈之士？

评 析

世上之事真真假假，关键看自己怎么看待。好人不见得就做好事，烈士也未必会做烈事。每个人身上都有两面性，我们只能尽量让自己做一个表里如一的人。

20

山翠扑帘，卷不起青葱一片；树阴流径，扫不开芳影几重。

译 文

竹帘卷起，满山的翠绿扑入眼帘，却卷不起眼前这片绿色；阳光洒下，树的阴影在小道上流动，扫不走阳光投射下来的斑驳树影。

评 析

山翠卷不进眼帘，但可以卷进心里。古人“天人合一”的思想告诉我们，只有人心能将万物与我合一。

21

世无花月美人，不愿生此世界。

译 文

世上如果没有风花雪月和美丽女子，那么（我）便不愿意生活在这个世界上。

评 析

花月美人，是情感的寄托。只要人有情，那么不管怎么看世界，即使看一棵树也都有感情，这个世界也是活色生香、有情有趣的。

22

山河绵邈，粉黛若新。椒华承彩，竟虚待月之帘。夸骨埋香，谁作双鸾之雾[①]？

注 释

① “椒华承彩”四句：典出《拾遗记·周灵王》：“越又有美女二人，一名夷光，二名脩明（西施、郑旦之别名）以贡于吴。吴处以椒华之房，贯细珠为帘幌，朝下以蔽景，夕卷以待月。二人当轩并坐，理镜靓妆于珠幌之内，窃窥者莫不动心惊魄，谓之神人。吴王妖惑忘政。”椒华，也作“椒花”，此处指妆扮漂亮的房子。双鸾之雾，谓西施、郑旦早晨放下帘幌遮挡阳光，晚上卷起来待月，两个美人并肩坐在窗前对镜盛妆，在吴王夫差看来她们宛如薄雾中的鸾鸟。

译 文

山河连绵不绝，美人打扮一新。宫室华美溢彩，虚挂着珠帘等待君王的临幸。美人的尸骨已经香消玉殒，如今有谁能化作神鸟一起飞翔?

评 析

中国历史上的四大美女之一西施，因美貌祸乱吴国，使越国成功复国。但是，有谁去关心她与吴王夫差的感情呢?

23

蜀纸麝煤①添笔媚，越瓯②犀液发茶香。风飘乱点更筹③转，拨送繁弦曲破长。

注 释

① 麝（shè）煤：香墨。

② 越瓯：指越窑所产的茶瓯。

③ 更筹：古代夜间报更用的计时竹签。此处借指时间。

译 文

蜀纸香墨为书法增添了一些妩媚之气，越窑的茶盅和桂花水散发着别样的茶香。风雨中时间过得飞快，弹奏着许多乐曲度过了静幽的长夜。

评 析

夜晚终会过去，白天终要到来。文人墨客在写字品茶中，一个夜晚很快就过去了。

24

西蜀豪家，托情穷于鲁殿①；东台甲馆②，流咏止于洞箫③。④

注 释

① 西蜀豪家，托情穷于鲁殿：西蜀豪家，这里指东汉辞赋家王延寿所作《鲁灵光殿赋》，具极高的文学价值和史料价值，故云“托情穷于鲁殿”。

② 东台甲馆：东台，唐代的官署名称。甲馆，比较高级的馆舍。

③ 流咏止于洞箫：洞箫，这里指经久不绝的歌咏，即王褒所作《洞箫赋》。王褒，字子渊，蜀资中人。西汉著名辞赋家。他的《洞箫赋》是中国赋史上最早的一篇描写乐器的音乐赋，具极高的文学和史料价值，故云“流咏止于洞箫”。

④ 全四句：出自南朝陈·徐陵《玉台新咏·序》：“因胜西蜀豪家，托情穷于鲁殿；东储甲观，流咏止于洞箫。”

译 文

东汉王延寿，寄托情感于所作《鲁灵光殿赋》中；朝中上下，流传的歌咏绝唱是西汉王褒的《洞箫赋》。

评 析

读《鲁灵光殿赋》，欣赏东汉建筑、壁画美；读《洞箫赋》，欣赏西汉乐府音乐美，实在是人生大美之事！

25

零乱如珠为点妆，素辉乘月湿衣裳。只愁天酒倾如斗，醉却环姿傍玉床。

译 文

眼前一片零乱，就像散开的珠串，只是为了化妆，月亮洒下银辉，夜露深重沾湿了衣裳。只发愁他饮酒倾斗一般过量，醉得蜷起身子依偎在玉床上。

评 析

有诗云“李白斗酒诗百篇”，这似乎成为古今中国男人喜欢喝酒的原因。然而喝醉后容易误事，冷落了精心梳妆打扮的佳人。

26

书题蜀纸愁难浣，雨歇巴山话亦陈。

译 文

即便是把字写在再好的纸上也难以洗涤忧愁，即便是巴山的雨停了，所说的话也是旧话。

评 析

人人都有自己的忧愁，愁结也只能自己才解得开。在雨夜促膝而谈，即使说到雨停，说的还是那些旧话。

27

欲与梅花斗宝妆，先开娇艳逼寒香。只愁冰骨藏珠屋，不似红衣待玉郎。

译 文

想要与梅花争妆扮之美，先开出娇艳的花朵逼出梅花的寒香。只是担心藏在漂亮屋子里的冰清玉洁的美人，不能像红衣女子那样侍奉如意郎君。

评 析

“花开堪折直须折，莫待无花空折枝。”女人如花，希望能在最美的年纪遇上懂得欣赏的人。

28

听风声以兴思，闻鹤唳以动怀。企庄生[①]之逍遥，慕尚子[②]之清旷。

注 释

① 庄生：即庄子。

② 尚子：指东汉尚长。尚长，字子平，河内人。据李善注引平

垄康《高士传》说，尚长为儿子嫁娶完毕后，遂与家人断绝来往。称“勿复相关，当如我死矣”。

译文

听到风声就引发了思念之情，听到鹤鸣就触动了情怀。希望能像庄子那样逍遥，羡慕尚子一样的清净旷达。

评析

人生在世，有太多难以割舍的情感，每个人都想逍遥和豁达，可是这实在是太难了。

29

罄南山之竹，写意无穷。决东海之波，流情不尽。愁如云而长聚，泪若水以难干。

译文

把南山的竹子用尽，也无法把心中的情意写完。把东海的水全都流尽，也无法把心中的感情流尽。忧愁像云彩一样长期聚在一起，无法消散，眼泪像水一样难以流干。

评析

从古至今，离愁别绪都是一样地让人伤感，难以言尽，难以书完。

30

渔舟唱晚，响穷彭蠡之滨；雁阵惊寒，声断衡阳之浦。

译 文

渔舟中的歌声唱到很晚，响彻整个鄱阳湖畔；雁群发出的惊叫，声音回荡在衡阳的水边。

评 析

渔舟中传来的歌声增添了些许暮色，雁群因寒冷飞向未知的远方。人生就像太阳有日出日落，也仿佛大雁般有离去便有归来。

31

爽籁[①]发而清风生，纤歌凝而白云遏。

注 释

① 爽籁：参差不齐的箫管声。

译 文

抑扬顿挫的箫管声引来阵阵清风，柔缓的歌声美妙动听似阻止了云彩的飘动。

评 析

风中飘扬着丝竹管乐以及穿透云间的美妙歌声，这是多么美好的悠闲时光啊！

32

琵琶新曲，无待石崇[①]。箜篌杂引，非因曹植[②]。

注 释

① 石崇：西晋豪富。字季伦，曾官荆州刺史。在洛阳建金谷园，奢靡豪华。所作《王昭君辞》，又称《琵琶引》。

② 曹植：三国时魏杰出诗人。字子建，曹操第三子。封陈王，世称陈思王。所作《箜篌引》，抒人生短暂、及时行乐之意。

译 文

丽人创作了“琵琶新曲”，没有等待石崇所创的《琵琶引》；又创作了“箜篌杂引”，不是因袭曹植的《箜篌引》。

评 析

语出南朝陈·徐陵《玉台新咏·序》，夸赞序中所写的那位丽人的文学艺术才华。

33

燕市之醉泣，楚帐之悲歌，歧路之涕零，穷途之恸哭，每一退念及此，虽在千载之后，亦感慨而兴嗟。

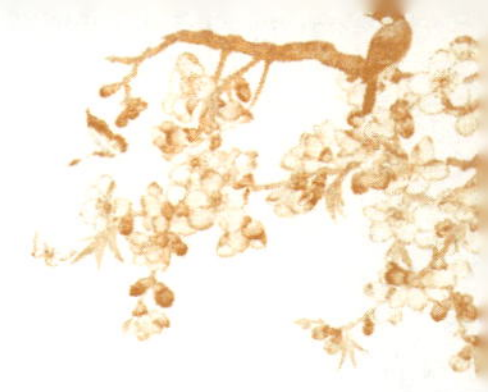

译 文

荆轲与高渐离在燕市上喝醉酒后的啜泣，西楚霸王项羽在楚帐中的慷慨悲歌，杨子面对歧路的迷茫涕零，阮籍驾车至穷途的痛哭而返，每当想起这些，虽然已是千年之后，也会感慨而兴叹。

评 析

花无百日红，人生不会处处得意。无论王侯将相，还是名士大家，都跟普通穷苦百姓一样，有生活的困苦悲伤，我们不必妄自菲薄，要以平常心面对生活的苦难。

34

华堂今旧绮筵开，谁唤分司御史来？忽发狂言惊满座，两行红粉一时回。

译 文

华丽的厅堂今天照旧摆出丰盛的筵席，不知谁把分司纠察百官的御史叫过来了，他忽然说出狂言让所有人都震惊了，站在两边的侍女一时间都退回去了。

评 析

喝酒能壮胆，人借酒力也能助兴。但是酒喝多了，人大多难以把持住自己。狂妄不是错，但是酒后吐狂言，就滑稽可笑了。

35

李太白酒圣，蔡文姬书仙，置之一时，绝妙佳偶。

译文

李白是酒中圣人，蔡文姬是诗中仙子。倘若把他们两人放在一个时代，可以说是一对很好的配偶。

评析

李白与蔡文姬都是大诗人，也许配成一对，能为后人带来更多宝贵的诗篇佳作，但感情的事情不仅需要共同话题，他俩不在同一时代，相差几百年，何况李白肆意洒脱，大概也不是温柔体贴的丈夫。

36

但觉夜深花有露，不知人静月当楼。何郎[1]烛暗谁能咏？韩寿香[2]薰亦任偷。

注释

① 何郎：此处指南朝（梁）诗人何逊。何逊年轻时即有诗名，为当时名流称道。

② 韩寿香：韩寿，字德真，南阳堵阳人。晋书说他“美姿貌，

善容止”。韩寿有一次到顶头上司贾充府上开会，被贾府的小女儿贾午看上。贾午春心荡漾了几天后，让奴婢叫他半夜翻墙入内幽会，云雨缠绵一番之后，贾午从她父亲那儿偷来一种来自西域的奇香赠送了给他。此处“韩寿香”就是指这件事。

译文

只是感觉到夜深时花上有露水，却不知道此时人声安静，明月正照在小楼上。在昏暗的烛火里谁能吟咏何郎的诗？韩寿之香也可以任由有情人偷来作为定情之物。

评析

夜深人静之时，有情人相约见面。明月可否当楼？一个“情”字，自古以来便是最难写的。

卷三 峭

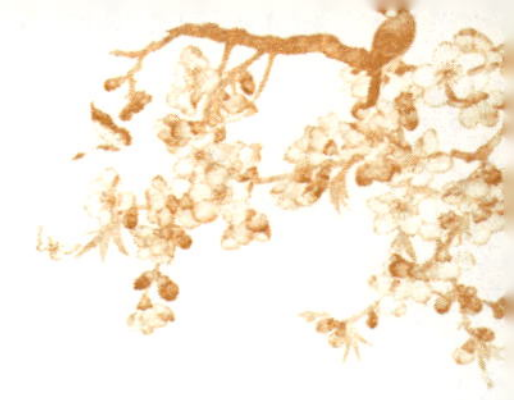

今天下皆妇人矣。封疆缩[1]其地，而中庭之歌舞犹喧；战血枯[2]其人，而满座貂蝉之自若。我辈书生，既无诛乱讨贼之柄，而一片报国之忱，惟于寸楮尺字间见之。使天下之须眉而妇人者，亦耸然有起色。集峭第三。

注 释

① 缩：沦丧。

② 枯：使动用法，使……枯萎。

译 文

如今天下的男子就像妇人一样，有几个可以称之为大丈夫呢？眼看着国土渐渐沦丧，而庙堂中仍是一片歌舞升平，战士的鲜血流尽而干枯了，而满朝的官员却好像没事一样。我们这些读书人，既没有诛平乱事讨伐贼人的权势，只有一片报效国家的赤忱之心，只能在文字上表现出来，使天下那些枉为男子汉的人，也能因触动而振作起来。因此，编纂了第三卷“峭”。

评 析

古人云：“富贵不能淫，贫贱不能移，威武不能屈，此之谓大丈夫。”男子汉，大丈夫，天下兴亡，匹夫有责。而朝廷中的那些文武大臣却整天沉迷于歌舞升平，不知死期将至，这又怎能配得上“男人”二字，可以说是连妇人都不如啊！

01

人不通古今，襟裾[①]马牛；士不晓廉耻，衣冠[②]狗彘[③]。

注 释

① 襟裾：身穿长袍短衣。

② 衣冠：穿衣戴帽。

③ 彘（zhì）：猪。

译 文

人如果不通晓古今变化的道理，那就只是身穿长袍短衣的牛马。读书人如果不知礼义廉耻，那就只是衣冠楚楚的猪狗。

评 析

并非人人都能做大事，能轰轰烈烈过一生，即使平淡一生，仍要保持眼界宽广，做一个正直善良的人，如此才能在平淡中寻找到幸福快乐。

02

苍蝇附骥[①]，捷则捷[②]矣，难辞[③]处后之羞。茑萝依松，高则高矣，未免仰扳[4]之耻。所以君子宁以风霜自挟[5]，毋为鱼鸟亲人。

注释

① 骥：千里马。

② 捷：很快。

③ 辞：免去。

④ 仰扳（bān）：攀附。

⑤ 自挟：自勉。

译文

苍蝇依附在千里马的尾巴上，虽然速度确实很快，但却难以免去贴在马屁股后面的羞耻；茑萝依附着松树生长，虽然确实可以爬得很高，但却不能免除攀附的耻辱。所以，君子应该宁愿在风霜中自我激励，也不愿像缸中的鱼儿、笼中的鸟儿那样讨好亲附他人。

评析

做人最重要的是要有一身正气，就算身处逆境之中，也不要像缸中鱼、笼中鸟那样亲附于人，寄人篱下，失去做人的尊严，让别人看不起。君子立身处世，不在地位多高，不在多么富贵，而在于能否顶天立地。

03

平民种德施惠，是无位之公卿；仕夫[1]贪财好货，乃有爵[2]之乞丐。

注 释

① 仕夫：做官的人。

② 爵：官位。

译 文

如果普通的百姓能多积恩德、广施恩惠，就可以说是没有官位的公卿；而做官的人如果贪污图利，也只是一个有官位的乞丐罢了。

评 析

什么是富贵？不是有钱有权，而是能将自己的富余分享给别人，能够帮助别人而人品自贵。有的人虽然拥有了很多钱，却不愿意拿出一点东西接济他人，这种人绝对不能称为富贵之人。并不是获得了高位，就能获得人性的高贵，而是要实实在在地为他人、为社会做好事。

04

一失脚为千古恨，再回头是百年人。

译 文

一时不慎犯的错误将会造成终身的遗憾，等到发现之后再回头看时，已经事过境迁难以挽回了。

评 析

漫漫人生路上充满了未知，道路也曲曲折折充满迷惑，一步走错可能就会改变自己一生的方向，为了避免无可挽回的痛苦和悔恨，每一步路都要小心谨慎地选择，不违背自己的心意和良知，相信最终一定会走向光明的人生。

05

亲兄弟析箸①，璧合②翻作瓜分；士大夫爱钱，书香化为铜臭。

注 释

① 析箸：分家。

② 璧合：两块玉合在一起。

译 文

骨肉相连的兄弟分家产，就像美玉被剖开成瓜果一样；读书人如果过于爱钱，就会让浓郁的书香气变为铜臭味。

评 析

俗话说，兄弟如手足。如果兄弟齐心，则为无价之宝；如果不能团结互助，就一文不值了。读书人要明理，有正气，不能因为爱财而丧志，如此才能实现心中的理想和抱负。

06

心为形役，尘世马牛；身被名牵，樊笼鸡鹜。

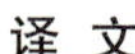

译 文

如果人的心灵被身体所驱使，那么这个人就跟活在人世间的牛马一样；如果人的身体被名声所束缚，就像是关在笼中、毫无自由的鸡鸭一样。

评 析

人与动物最大的差异，是人有思想。人如果为了外在的东西而奔波，驱使自己做不愿意做的事，这与没有思想的动物有什么区别吗？名声易使人得到虚荣的满足感，因此，真正有智慧的人要远离名声，以免被名声牵累。

07

任他极有见识，看到假认不得真；随你极有聪明，卖得巧藏不得拙。

译 文

无论他对事物的见解有多么高深，看得到假象却不识真相；任你有多么机警聪明，只能卖弄乖巧却藏不住笨拙。

评 析

知识是外在的东西，并不等同于智慧，所以学识丰富的聪明人也不一定能辨别生活的真相，因为摆脱不了追名逐利之心，始终看不透人生。

08

种两顷附郭田，量晴较雨；寻几个知心友，弄月嘲风。

译 文

在城郊耕种两顷田地，估计着天气晴雨的变化；寻觅几个知心好友，共同玩赏明月清风，吟诗作赋。

评 析

种田自耕，自得其乐；赏清风明月，与好友吟诗作赋，这样悠闲自在的游戏人生，真让人羡慕！

09

执拗者福轻，而圆融之人其禄必厚；操切者寿夭，而宽厚之士其年必长。故君子不言命，养性即所以立命；亦不言天，尽人自可以回天。

译 文

性格执拗的人福气浅薄，而灵活通融的人福气必定厚重。做事急躁的人往往寿命很短，而性情宽厚的人寿命必定很长。所以通达的君子不谈论命运，而是通过修养心性来安身立命；也不谈论天意，而是尽自己所能回转天意。

评 析

如果性格太固执，只要碰见违逆之事，就雷霆大怒，这样怎么能够有福呢？所以，一个人的性情决定他的福分寿命。凡事退一步海阔天空，乐于接受他人的建议，做人做事都会愉快顺利很多，这自然就增加了福分。

10

达人撒手悬崖，俗子沉身苦海。

译 文

通达生命真谛的人可以在悬崖边及时放手选择离去，凡夫俗子则会沉溺在世间的种种苦恼中无法自拔。

评 析

人生不如意十之八九，也定会遭遇危急的时候，就像行走在悬崖边上，只有智慧通达的人，才会及时醒悟，看破虚妄，回归生活的本来状态，获得简单、宁静的幸福。

11

身世浮名余以梦蝶视之，断不受肉眼相看。

译文

我像看待庄周梦蝶一样看待人世间的虚浮声名，绝不会用凡俗的眼光看它一眼。

评析

人终究会死，生命中经历的种种喜怒哀乐，无论当时有多少血泪交织，抑或怎样情深意重，日后回想起来，不过如梦一场。而梦总会醒来，哪怕梦里的一切那么真实，我们也要回到现实生活。只有看淡名利，才能看透人生，我们也就可以活出最真实的自己。

12

士人有百折不回之真心，才有万变不穷之妙用。

译文

一个人只有具备百折不挠的坚贞心志，在遇到变化时才能具有得心应手的能力。

评析

倘若做事情时只是浅尝辄止，遇到一点困难就畏惧不前，选择放弃，必然会一事无成。俗话说“熟能生巧”，做任何事情都会碰到困难，拥有百折不挠的心态，努力克服困难，最终才能掌握生存的种种技能，

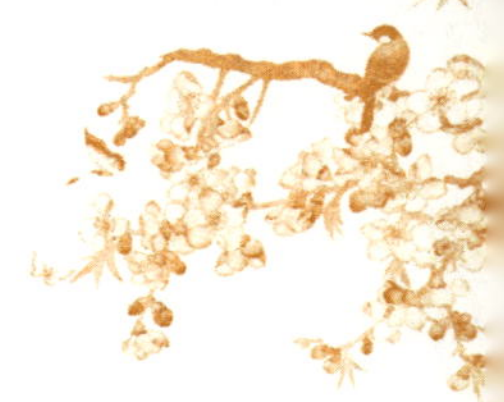

点亮人生。

13

立业建功，事事要从实地着脚[①]；若少慕[②]声闻[③]，便成伪果。讲道修德，念念要从处处立基；若稍计功效[④]，便落尘情。

注释

① 实地着脚：脚踏实地。

② 慕：爱慕。

③ 声闻：虚名。

④ 功效：功利得失。

译文

要想成就大业，建立功绩，每件事都要脚踏实地去做；倘若稍微有点爱慕虚名的念头，就会造成华而不实的结果。讲究道理，修身养性，每时每刻都要从安身立命之处下功夫；倘若稍微有点计较功利得失的念头，就会落入尘世的俗情当中。

评 析

好大喜功的人，就算一时取得成绩，也会很容易受到外界鲜花掌声的影响，不能持之以恒，脚踏实地，做成大功大业。修身养性的人，需要在日常生活的点点滴滴中，注意自己的言行，这不是为了他人的眼光，也不是为了得到什么好处；否则，如果老是顾忌他人的眼光，贪图外界的光环而做出圣贤的样子，实在是可笑至极。

14

学者有段兢业的心思，又要有段潇洒的趣味。

译 文

做学问的人既要有一种兢兢业业对待学业的心思，同时又要有一种潇洒恣意的意趣。

评 析

做学问当然要兢兢业业，但是如果太过认真严肃，就会变成书呆子、老古板。劳逸要结合，古时候的精英教育，要求熟读四书五经、诗词歌赋，还要习“君子六艺”（礼、乐、射、御、书、数）。潇洒是一种放松自己的心灵，与自己和谐共处的生活态度，使人身心健康而积极面对困难。因此，有一个好身体、好心态，再加上兢兢业业的精神，才能真正做成学问。

15

无事如有事，时提防，可以弭意外之变。有事如无事，时镇定，可以销局中之危。

译文

在平安无事时，要像随时会发生事情一样，小心防备，这样才能在意外发生时及时消除。在发生危机时，要像没事时一样，保持镇定，这样才能化险为夷。

评析

人在平安无事时，往往不懂得居安思危；而一旦遇到危机，就会心慌意乱，不能沉心静气、随机应变。事情往往具有两面性，要看得真切，才能考虑得周全，从而“防患于未然”。前人的智慧之语，我们需要谨记。

16

穷通之境未遭，主持之局已定，老病之势未催，生死之关先破。求之今人，谁堪语此？

译文

在还没有经历贫穷或显达的境遇时，自己人生的方向便早已确定；在还没有年老和疾病时，有关生死的道理已经提前看破。以此求问当今世人，谁能称得上是这样的人呢？

评 析

能够这样通透人生的智慧贤人，实在是千古以来也没有几个。毕竟不到黄河心不死，世上大多还是碌碌平庸、为诸多欲望活着的人，只有经历穷困或者显达、年老体弱这些人生起伏，人们才能真正放下虚妄，对生命之道豁然开朗。

17

声应气求[①]之夫，决不在于寻行数墨[②]之士；风行水上[③]之文，决不在于一句一字之奇。

注 释

① 声应气求：志趣相投。出自《易·乾》曰："同声相应，同气相求。"

② 寻行数墨：一行行、一字字地读。宋释道原《景德传灯录》："口内诵经千卷，体上问经不识。不解佛法圆通，徒劳寻行数墨。"朱熹《易》诗："须知三绝韦编者，不是寻行数墨人。"

③ 风行水上：出自《易·涣》："象曰：风行水上，涣。"北宋诗僧惠洪《石门文字禅》："风行水上，涣然成文章，非有意于为文也。"

译 文

志趣相投的朋友，绝不在读书不求甚解的迂腐人中；自然流畅的好文章，绝不在于一句一字的奇巧上。

评 析

心有灵犀一点通，意气相投的两个人，一定是明白文章精义并有自己的见解，才可以切磋交流，找到共同的兴趣爱好。可以称得上“风行水上”的文章，必是出乎自然，毫无矫揉造作之感；而个别字句上的刻意推敲，追求“一句一字之奇”，这样的文章终究落得下乘。

18

才智英敏者，宜以学问摄其躁；气节激昂者，当以德性融其偏。

译 文

才华和智慧敏捷出众的人，适宜用学问来理顺浮躁之气。意气和节操激烈昂扬的人，应该修身养性来融合他个性的偏激。

评 析

“智者千虑，必有一失。”天资聪颖的人，往往会有些浮躁之气，这样的人就要注意对事情深思熟虑，不要不假思索地鲁莽行事，做出让自己后悔的事。气节激昂、疾恶如仇的人，往往个性上会有偏激之处，这样的人只有通过提高道德修养以及对生命意义的认识，才能避免偏激，使行事平稳缓和。

19

少言语以当贵，多著述以当富，载清名以当车，咀英华以当肉。

译 文

把少说话当作高贵，把多著书当作富有；把清廉的名声当作代步车，把品读美好的文章当作吃肉。

评 析

沉默是金，把想说的话沉淀成金子，经过思想的转化，成为文字而著书立说，不仅完成道德修养上的提高，也实现积累自我价值的宝贵财富。真正的好文章，会变为心灵的丰盛飨宴，让心灵更加豁达明朗。所谓读万卷书，行万里路，因此要多读书啊。

20

要做男子，须负刚肠；欲学古人，当坚苦志。

译 文

要做个真正的大丈夫，必须有一副刚直的心肠；想要学习古人，应该坚定吃苦的志向。

评 析

刚肠，就是心志要刚正不阿，行为要伸张正义，如此才能成为一个真正的大丈夫；而要效仿古人，一定要有大志向，有“天将降大任于斯”的心理准备。

21

荷钱榆荚[①]，飞来都作青蚨[②]；柔玉温香[③]，观想可成白骨。

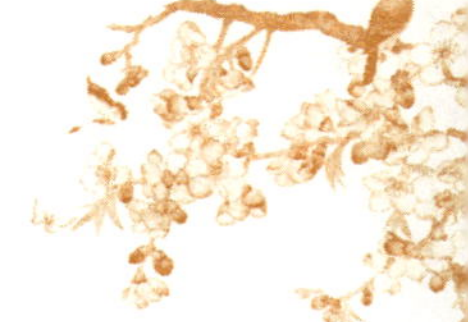

注释

① 荷钱榆荚：荷钱，状如铜钱的初生的小荷叶。榆荚，榆树结的形状像钱的果子，称为榆钱。

② 青蚨（fú）：代指铜钱。据《搜神记》记载，青蚨是一种虫子，据说母虫被捉住，子虫就会飞来，子虫被捉住，母虫就会飞来，如果把母虫和子虫的血涂在八十一文钱上，无论是先花掉母钱还是先花掉子钱，花掉的钱都会自动再飞回来。

③ 柔玉温香：美丽的女子。

译文

荷叶和榆钱，都可以飞来做我囊中的金钱；美丽的女子，在想象中不过是白骨一堆。

评析

财物再多，生不带来，死不带去，一切财物都可以看作是荷叶、榆钱以及终将飞走的青蚨虫；女子再漂亮，也有年老色衰的时候，最终不过是白骨一堆。倘若我们明白万物最终皆为空，就不会再受到名利美色的诱惑，从而活得轻松自在。

22

烦恼场空，身住清凉世界；营求念绝，心归自在乾坤。

译文

看破了烦恼的世界，身体就能安住于清凉无比的世界里；断绝了追逐求取的念头，心灵就能回归到没有烦恼的世界。

评析

追求名利，心就会被名利捆绑；追求美人，心就会被美色束缚。心灵本该是自由自在、不受束缚的，只因为有了种种谋取私利的念头，心才失去了自由，失望和烦恼随之而来。

23

斜阳树下，闲随老衲[①]清谭[②]；深雪堂中，戏与骚人[③]白战[④]。

注释

① 衲（nà）：本是僧人所穿的衣服，后代指僧人。

② 清谭：谐音“清谈”。

③ 骚人：指诗人。

④ 白战：空手作战，后指禁用常用字的禁体诗。

译文

在斜阳夕照的树下，跟老和尚悠闲地谈论佛理；在大雪纷飞的屋内，与诗人戏作禁体诗。

评 析

人生的快乐其实很简单，只要你有那份悠闲自在的心意，任凭春夏秋冬，四时景色轮转，有二三好友可聚可玩。

24

宁为真士夫，不为假道学；宁为兰摧玉折，不作萧敷艾荣[①]。

注 释

① 萧敷艾荣：萧、艾，指艾蒿、蒿草；敷、荣，指开花。比喻小人得志。

译 文

宁可做一个真正的读书人，而不能做一个假装有道德学问的人；宁可像兰草一般被摧折，像美玉一样被打碎，也不能像蒿草那样小人得志。

评 析

假装有学问的人，不过是自欺欺人；人品低劣的人，纵然有享不尽的荣华富贵，也是不受尊敬的。品德和学问俱佳的人，才是真正德高望重、值得尊敬的人。

25

觑破[①]兴衰究竟，人我得失冰消；阅尽寂寞繁华，豪杰心肠灰冷。

注 释

① 觑破：看破、识破。

译 文

看破了人世间兴盛衰败的真相，得失之心就像冰块一样消融；看尽了人世间的寂寞和繁华，想做英雄豪杰的心意如死灰一般冷却。

评 析

物极必反，盛极必衰。看到兴盛繁华的时候，便要预知衰败寂寥的时候。得失相伴而生，有所得时，便要知道失是必然。很多人都会患得患失，明白了这些，很多事情就没有必要强求了。

26

名山乏侣，不解壁上芒鞋；好景无诗，虚怀囊中锦字。

译 文

山水名胜，如果没有知心伴侣一起游玩，那么宁可把草鞋挂在墙壁上，不取下来；面对美丽的风景却作不出一首好诗，就算怀中抱着锦囊佳句，也是毫无用处。

评 析

良辰美景，如果有人一起欣赏，方才不辜负人间至美。人人都需要朋友来交流情感，于是山水更美，心情也更美，可以纵情游玩赋诗，

否则还是把草鞋挂在墙上闭门在家吧。

27

是技皆可成名天下，惟无技之人最苦；片技即足以自立天下，惟多技之人最劳。

译文

人只要有专门的技艺，便都能在世上建立声名，只有那些一门技艺都没有的人活得最痛苦；只要有一技之长，就足以凭借自己的力量立足世间，而拥有太多技能的人活得最辛苦。

评析

宁愿多技而辛苦，为自己和家人创造幸福生活的保证，也不要面对无一技之长、养不活自己的卑微。只要功夫深，铁杵磨成针，自立于世并不难，下到足够的功夫，便能精通一门技能，足以保证自己的生活，甚至继续钻研下去成为大师。

28

着履登山，翠微中独逢老衲；乘桴浮海，雪浪里群傍闲鸥。才士不妨泛驾，辕下驹吾弗愿也；诤臣岂合模棱，殿上虎[①]君无尤焉。

注释

① 殿上虎：是宋朝谏议大夫刘安世的绰号。《宋史·刘安世传》：“（刘安世）在职累岁，正色立朝，扶持公道。其面折朝

廷，或帝盛怒，则执简卻立，伺怒稍解，复前抗辞。旁侍者远观，蓄缩悚汗，目之曰‘殿上虎’。”后用以称诵敢于抗争的谏官。亦省称“殿虎”。

译 文

穿着草鞋登山，独自在青翠的山中行走时遇到了个老和尚；乘坐木筏泛舟海上，雪白的浪花里栖息着成群的海鸥。有才能的人还不如到各处游玩，像车辕下面马驹那样的生活，并非我心所愿啊！作为一个直言进谏的忠臣，怎能说出模棱两可的话呢？像刘世安一样的殿上虎，君王是不会怪罪的。

评 析

看到雄伟的高山、辽阔的大海，人就会发现自己的渺小，对于繁华人世的功名利禄，也就不再斤斤计较了。在山间遇到的老和尚，过的又是怎样的一种生活呢？做人要有真性情，敢于逃出樊笼，活出自己，这样精彩的人生孰人不羡？

29

吟诗劣于讲书，骂座恶于足恭。两而揆[①]之，宁为薄幸狂夫，不作厚颜君子。

注 释

① 揆（kuí）：度量，相比。

译 文

吟诗不如讲解书中的道理更让人有收获，在街上破口大骂比过分恭敬要恶劣得多。但如果两相比较的话，宁可做个轻薄猖狂的人，也不要做个厚脸皮的君子。

评 析

与吟诗作赋相比，传道授业更容易使人获得知识，然而如果只是好为人师，学问德行不足，这样只会误人子弟罢了。这样想来，还不如自己吟诗作对，怡养性情，提高修养。而那些表面上毕恭毕敬的人，如果背地里说人长短，还不如那些能直接当面表达不满的人，更真实简单。

30

魑魅[①]满前，笑著阮家无鬼论[②]；炎嚣[③]阅世，愁披[④]刘氏北风图[⑤]。气夺山川，色结烟霞。

注 释

① 魑魅（chī mèi）：都是传说中鬼的名字。代指阴险狡诈的人。

② 阮家无鬼论：阮家，指阮瞻。典出《晋书·阮瞻传》：“永嘉中，为太子舍人。瞻素执无鬼论，物莫能难，每自谓此理足可以辨正幽明。忽有一客通名诣瞻，寒温毕，聊谈名理。客甚有才辨，瞻与之言，良久及鬼神之事，反复甚苦。客遂屈，乃作色曰：‘鬼神，古今圣贤所共传，君何得独言无！即仆便是鬼。’于是变为异

形，须臾消灭。瞻默然，意色大恶，后岁余病卒。”

③ 炎嚣：喧闹熙攘。

④ 披：观览。

⑤ 刘氏北风图：刘氏，指东汉桓帝时画家刘褒，曾画《云汉图》，人观之觉得热；又画北风图，人观之觉得生凉意。

译 文

面对满眼的鬼怪离奇，一边笑着一边像阮瞻一样写下无鬼论；看着这喧闹熙攘的人世，满怀忧愁地观览刘褒的《北风图》，觉得它的气势盖过了山川，色彩凝结成了烟霞。

评 析

东汉人刘褒所画的《北风图》，看的人会不寒而栗，可见画中情景何其萧瑟凄凉。尘世中人，追求着喧闹熙攘的生活，追逐着功名利禄，就像把自己的心置于热火沸汤之中。而《北风图》可以让心头的烈焰得以平息，让自己的心安静下来。人如果尽做些阴险狡诈之事，与魑魅何异?

31

至音不合众听，故伯牙绝弦；至宝不同众好，故卞和泣玉。

译 文

格调最高的音乐不合众人的口味，因此俞伯牙在钟子期死后就不再弹琴；最珍贵的宝物不能被大众喜欢，因此卞和抱着宝玉

哭泣。

评 析

伯牙绝弦，是因为他再也找不到钟子期这样的知音了。众人能欣赏的都是平常的事物，反而欣赏不了太高雅的东西，发现不了太珍贵的宝物。曲高和寡，知音难寻，既然没人可以欣赏，不如再不弹琴。

32

拨开世上尘氛，胸中自无火炎冰兢[①]；消却心中鄙吝，眼前时有月到风来。

注 释

① 火炎冰兢：比喻强烈的渴望和恐惧不安。

译 文

能抛开尘世的纷扰，那么心中便不会有像火一样的焦灼渴望，也不会有如履薄冰般的战战兢兢；消除心中的卑鄙与吝啬，就能感受到明月清风般的闲适心境。

评 析

有的人太看重得失，心也总是被得失牵绊，时而欢喜，时而煎熬，时而如落深渊。人们受到名利得失的驱使，每天辛勤忙碌，追名逐利，可是结果又怎样呢？如果能放下尘世的纷扰，便不会有“火炎冰兢”之感，便会活得安然自在。

33

才子安心草舍者，足登玉堂；佳人适意蓬门者，堪贮金屋。

译 文

有才华的人，如果能安心居住在茅草屋中，那么他就一定能担任好朝廷的官职；美丽的女子如果能安心于贫民之家，那么就值得为她建造金屋。

评 析

有才华的人很多，品德高尚的人也不少，但是德才兼备的人就很少了。孔子曰："不义而富且贵，于我如浮云。"有才能的人又有几个能这样想?

34

玄奇之疾，医以平易；英发之疾，医以深沉；阔大之疾，医以充实。

译 文

喜欢卖弄炫耀的毛病，要用简易平和来矫正；乐于显露聪明才智的毛病，要用深刻沉静来纠正；好讲大话的毛病，要用充实的内涵来改正。

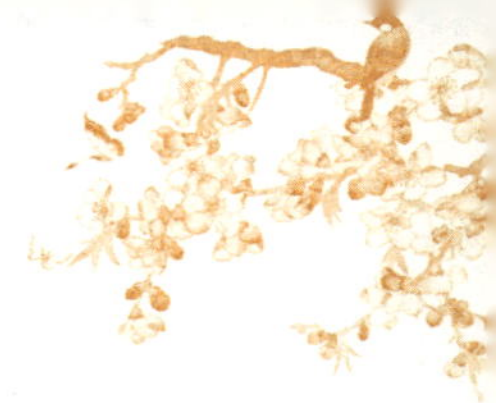

评 析

总是锋芒毕露的人，恰恰说明他缺乏才智，也缺乏沉下心来学习的精神。总之，人如果能意识到自己所缺，并悉心改正，一定会变成更好的自己。

35

人常想病时，则尘心便减；人常想死时，则道念自生。

译 文

人经常想想生病时的痛苦，就会让凡俗的心计一扫而空；人经常想到死亡时的场景，就会有求生的真念自然而生。

评 析

想到人都会经历生老病死，就会感到生命的虚幻无常、人的渺小无力。那些功名利禄又有什么用呢？生不带来，死不带去。能够看透生命真相的人，才是有大智慧的人，才能追求真实而永恒的生命。

36

人生有书可读，有暇得读，有资能读，又涵养之如不识字人，是谓善读书者，享世间清福，未有过于此也。

译 文

人的一生中，如果能做到有书可以读，有空闲时间读书，有钱可以买书；又能提高自己的修养，就像不识字的人一样，不被文字、学问所局限，这就可以说是善于读书的人了，能够享受世间清福，没有什么能比得过这个了。

评析

做到“有书可读，有暇得读，有资能读”很容易，但是很多人只是读死书，不仅不能将书本知识灵活运用，反而让所读的书限制了自己的生活，还不如一个不识字的人明白事理。因此，要做一个“善读书”的人，才不枉读过的书。

37

己情不可纵，当用逆之法制之，其道在一忍字。人情不可拂，当用顺之法制之，其道在一恕字。

译文

自己的情念欲望不能太放纵，应该用抑制的方法自我限制，主要方法就在一个“忍”字。他人所要求的事情有时不可违背，这时应该顺着对方的意愿，关键之处在于一个“恕”字。

评析

自古以来，英雄难过美人关，英雄牺牲自己赢得的荣誉，不能因为纵情而毁了一生。要忍耐，要自我克制，这的确很艰难，但却是战胜自己的唯一办法，而且战胜了自己就能战胜一切。

38

贫士肯济人，才是性天中惠泽；闹场能笃学，方为心地上工夫。

译 文

贫穷的人如果肯帮助别人，才算是天性中的仁慈与惠泽；在喧哗热闹的场景中，依然能专心学习，才可以说在心境上下了功夫。

评 析

人穷志不短，在自己很贫困的情况下，还能在他人需要时伸出援手，这样的穷人有一颗高贵、慈悲的心灵；在喧哗热闹的场景中，人通常很容易受到外界的影响，而这时还能安心读书的人，才更值得称赞。

39

了心自了事，犹根拔[①]而草不生；逃世不逃名，似膻[②]存蚋[③]还集。

注 释

① 根拔：连根拔去。

② 膻（shān）：羊臊气。亦泛指类似羊臊气的恶臭。

③ 蚋（ruì）：蚊蝇。

译 文

能在心中把事情了结，才是真的将事情了结，就如同草被连根拔去不再生长一样；而身体逃离了尘世，内心却仍然追求名声，就如同腥膻的气味还未完全除去，仍会招惹蚊蝇一样。

评 析

斩草要除根，了事要了心。人世间的事皆由心生，亦由心灭，人最不能欺骗的就是自己的心。

40

事理因人言而悟者，有悟还有迷，总不如自悟之了了。意兴从外境而得者，有得还有失，总不如自得之休休。

译 文

如果事理是因为别人的劝说才得以领悟，那么领悟之中还有迷惑，总是不如自己领悟得那样清楚明白。如果意兴是从外界环境中得来，有收获也还有失落，总不如自得其乐那样真正快乐。

评 析

每个人都有自己的人生经历，从而一点点积累起属于自己的人生智慧。他人分享的经验终究是别人的，放在自己身上并不一定适用，自己领悟到的才是真正的收获。内心的愉悦也是如此，找到能让自己快乐的兴趣爱好，而不是从外界得到，才是真正的快乐。

41

豪杰向简淡中求，神仙从忠孝上起。

译文

做豪杰要从简单平淡中去求，要成为神仙先从忠孝着手做起。

评析

没有在平淡生活中多加磨炼，就不能克服艰难坎坷，也就不能成为豪杰。神仙想要获得逍遥自在，也要偿还人间的恩情——回报父母或者报效国家，否则怎样感天动地、感动神灵?

42

秋露如珠，秋月如圭。明月白露，光阴往来。与子之别，心思徘徊。

译文

秋天的露水如同珍珠，秋天的月亮如同玉圭。皎洁的月光，珍珠般的露水，光影流转。此时此景与你分别，我的心里依依不舍。

评析

春去秋来，光阴似箭。生命短暂，我们更要珍惜当下，过好每一天。

43

叠轻蕊而矜暖，布重泥而讶湿。迹似连珠，形如聚粒。

译 文

燕子筑巢，衔来轻细的材料聚放在一起使燕巢保持温暖，再衔来湿重的泥土粘在一起。这样的燕巢像连串的珠子串起来，形状像聚集在一起的米粒。

评 析

全句摘自唐代樊晦《燕巢赋》，描写燕巢的构造和形状，十分生动形象。

44

宵光分晓，出虚窦以双飞；微阴合暝，舞低檐而并入。

译 文

天刚刚破晓时，燕子就从虚掩着的巢中成对飞出；夜幕将要降临时，燕子又在屋檐下一起飞回巢中。

评 析

燕子双宿双飞的情景，让人好生羡慕。

45

奇曲雅乐，所以禁淫也。锦绣黼黻[①]，所以御暴也。缛[②]则太过，是以檀卿[③]刺郑声[④]，周人伤北里[⑤]。

注释

① 黼黻（fǔ fú）：指华丽的衣服。

② 缛：繁多，烦琐。

③ 檀卿：即檀弓，又称檀公，战国时人。古人注：“名曰檀公者，以其记人善于礼，故著姓名以显之。姓檀名弓，今山阳有檀氏。”

④ 郑声：春秋时郑国的音乐。古时被认为是淫靡的声乐。

⑤ 北里：古代的舞曲名称。司马迁称为“靡靡之乐”。

译文

奇妙高雅的音乐，是要禁止淫靡。锦绣礼服，是要制止奢侈。极其烦琐就会太过，所以檀弓批评郑国的音乐，周人抨击商纣王的北里舞曲。

评析

古人认为郑声是靡靡之音、亡国之乐，所以要听高雅的音乐，禁止淫靡之音。

46

伤心之事，即懦夫亦动怒发；快心之举，虽愁人亦开笑颜。

译文

让人伤心的事，即使是胆小懦弱的人也会怒发冲冠；大快人心的行为，即使是忧郁的人也会笑逐颜开。

评析

喜怒哀乐，人之常情。幸福都是一样的，不幸才各有不同。面对同样的事情，并不会因为人本身性格的不同，而出现情绪上太大的差异。

47

论官府不如论帝王，以佐史臣之不逮；谈闺阃[①]不如谈艳丽，以补风人之见遗。

注释

① 阃（kǔn）：妇女居住的内室。

译文

谈论官府不如谈论帝王，还可以用来弥补史官记录的不足；谈论闺阁之事不如谈论才子佳人的韵事，还可以用来弥补采风官员的遗漏。

评 析

茶余饭后的笑谈也有高低之分，不妨多谈论些更有益的事情。

48

傲骨侠骨媚骨，即枯骨可致千金；冷语隽语韵语，即片语亦重九鼎。

译 文

傲骨、侠骨、媚骨，即使变成枯骨也能价值千金；冷语、隽语、韵语，即便只有只言片语却重过九鼎。

评 析

忠肝义胆、豪情万丈的人，死后也会流芳百世。启人智慧之语，即使只言片语，依然可以重如九鼎。

49

议生草莽无轻重，论到家庭无是非。

译 文

种种议论出现在民间就无足轻重，道理进到家庭中就无法分清是非。

评 析

人人都知道的议论传言，其价值反而无足轻重。清官难断家务事，家庭生活非关道理，人情涌动，无法辨清是非。

50

书载茂先[①]三十乘，便可移家；囊无子美[②]一文钱，尽堪结客。有作用者，器宇定是不凡；有受用者，才情决然不露。

注 释

① 茂先：晋代作家张华，字茂先。

② 子美：唐代诗人杜甫，字子美。

译 文

像张华那样装了三十辆车的书，便可以搬家了；像杜甫那样身无分文，却能广结天下朋友。有所作为的人，气度一定不凡；能够享受生活的人，才情绝不会外露。

评 析

每个人对生活的追求都是不一样的。杜甫虽然穷困潦倒，身无分文，却始终关心国家民生大事，也能凭借自己的才情交到很多朋友，在贫困中散发着自己的光芒。

51

松枝自是幽人笔，竹叶常浮野客杯。

译文

松枝自然可以成为幽居隐士的笔，竹叶经常飘在远游人的茶杯中。

评析

隐居山林的人，接近自然，心态悠闲，可以随意把松枝当笔用，摘竹叶泡茶。

52

瑶草与芳兰而并茂，苍松齐古柏以增龄。

译文

瑶草和芳兰一起盛开而更茂盛，苍松与古柏共同生长以增加寿命。

评析

寿如松柏，心似瑶芳。看自然万物努力生长，心中也充满了力量。

53

诗思在灞陵桥上，微吟处林岫便已浩然；野趣在镜湖曲边，独往

时山川自相映发。

译 文

在灞陵桥上出现了作诗的灵感，轻轻吟诵时，山林便有了一股浩然气势；在充满野趣的镜湖边，独自前往时，发现山岭和河水相映成趣。

评 析

大自然的山林、湖水，美不胜收，犹如仙境。此时吟咏诗歌，此时独自前往，都似发现了山水独特的魅力。

54

始缘甍而冒栋[①]，终开帘而入隙。初便娟[②]于墀庑[③]，末萦盈[④]于帷席。

注 释

① 甍（méng）而冒栋：甍，屋脊。冒，覆盖。栋，屋的大梁。

② 便娟：轻盈美好的样子。

③ 墀庑（chí wǔ）：墀，台阶。庑，堂下周围的走廊、廊屋。

④ 萦盈：回旋轻捷。

译 文

飞雪最开始沿着屋脊飘飞，渐渐地将屋栋覆盖上了。最初雪花在屋外轻盈飞旋，最后由大屋殿堂飞入帘帷，落在座席之上。

评 析

飞雪轻盈如精灵，在外徘徊盘旋，终入屋内，主人也可在屋内赏雪，描写得十分生动有趣。

55

今古文章，只在苏东坡鼻端定优劣；一时人品，却从阮嗣宗[①]眼内别雌黄[②]。

注 释

① 阮嗣宗：阮籍。

② 雌黄：古人写字用黄纸，出现错误时用雌黄涂抹后改正。

译 文

古往今来的各类文章，只有在苏东坡的鼻子下面才能评定出优劣；一个人的人品，却能从阮籍的眼中识别出来。

评 析

“世事洞明皆学问，人情练达即文章”，所以只有苏东坡这样的大文豪才能品评文章，阮籍这样真性情的贤者才能判断人品。普通人想要做到，还得老老实实做学问，老老实实做人才行。

卷四　灵

天下有一言之微，而千古如新；一字之义，而百世如见者，安可泯灭之？故风、雷、雨、露，天之灵；山、川、民、物，地之灵；语、言、文、字，人之灵。此三才之用，无非一灵以神其间，而又何可泯灭之？集灵第四。

译文

天下有一句话的微妙而流传千古，读起来仍然觉得有新意；有一个字的意义，百世之后读它还如同亲眼所见一般真实。像这样的语言和文字，怎么能让它消失呢？风、雷、雨、露，是天的灵气；山、川、民、物，是地的灵气；语、言、文、字是人的灵气。天、地、人这三者所呈现出来的各种现象，全都是“灵”使得它们神妙无比，我们又怎能让这个灵性消失呢？因此，编纂了第四卷“灵”。

评析

天地万物，皆有灵性。而人是万物之灵，人杰才能地灵、神灵，人类的智慧无穷，人心的力量无比强大。

01

闭门阅佛书，开门接佳客，出门寻山水，此人生三乐。

译 文

关起门来阅读佛经，打开门迎接志同道合的朋友，出门便去游山玩水，这是人生三大乐事。

评 析

闭门不出时阅读佛经，在经书中寻找真正的自我，感受心灵的安然自在。打开家门，接待的都是志趣相投的朋友，在言谈中情感得到交融。走出家门，便尽情游山玩水，在自然中觅得闲适悠然的心境。如此生活，哪里还有不快乐呢?

02

眼里无点灰尘，方可读书千卷；胸中没些渣滓[1]，才能处世一番。

注 释

① 渣滓：成见。

译 文

眼里没有一点灰尘，才能读完千卷的书籍；心中没有任何成见，才能处世圆融。

评 析

读书与处世有相通之处，看书和处世时不能抛开成见，就像满溢的杯子，永远不能打开自己的格局，收获真正的友谊。因此，保持空杯心态，让自己的心更通透、干净一些，对读书和处世都是有益的。

03

无事而忧，对景不乐，即自家亦不知是何缘故，这便是一座活地狱，更说什么铜床铁柱，剑树刀山也。

译 文

没什么事却很烦恼，面对美景却不快乐，就连自己都不明白这是为什么，那么这便是活在地狱中了，更不必说地狱中还有铜床铁柱和剑树刀山了。

评 析

人生在世，总会有烦恼，若无缘由，却忧心忡忡，心灵受尽煎熬，这样的生活确实如同身在地狱。人们要学会自己排解忧愁，该放下的莫执着，得不到的也不强求，一切顺其自然回归心灵的平静。人生苦短，何不尽情欢颜?

04

必出世者，方能入世，不则世缘[1]易坠。必入世者，方能出世，不则空趣难持。

译文

必须有出世的胸怀，才能入世，否则很容易受到种种世俗名利的影响而堕落。必须经历过入世的生活，才能真正出世，否则很难维持空的境界。

评析

拥有出世的超脱和决心，就是拥有看透名利得失的智慧，这种智慧有助于人们在入世中把握生活的方向，避免沉迷于名利诱惑。同时，只有经历过入世的考验，才能万物皆空，才是真正出世，安心于隐居山林、不问世事的生活。

05

人有一字不识，而多诗意；一偈[1]不参，而多禅意；一勺不濡[2]，而多酒意；一石不晓，而多画意。淡宕故也。

注释

① 偈（jì）：佛经。

② 濡（rú）：沾。

译 文

有的人一个字也不认识，却极富诗意；一句佛经都没有参悟，却充满禅意；一滴酒也不沾，却满怀酒意；一块石头也不把玩，却满眼画意。这是因为他对生活淡泊而无拘无束。

评 析

诗意不在于识字，禅意不在于参悟佛经，酒意不在于喝酒，画意不在于把玩石头，生活的趣味只在我们心中，需要自己领悟，只有一颗淡泊名利的心，才能真正潇洒自由，写意人生。

06

眉上几分愁，且去观棋酌酒；心中多少乐，只来种竹浇花。

译 文

眉间凝结几分忧愁时，不妨去看人下棋，抑或浅酌几杯；心中有很多快乐时，只去种竹浇花。

评 析

忧愁时，观棋看人生得失，小酌几杯消愁；快乐时，种竹浇花得到身体锻炼，快乐的心情好像因此变得更加美丽，这是一种转移情绪、修养心性的办法。

07

调性之法，急则佩韦，缓则佩弦。谐情之法，水则从舟，陆则从车。

译 文

调整个性的方法，性子急躁的人就要在身上佩戴熟皮，而性子缓慢的人就要在身上佩戴弓弦。调适性情的方法，就像是水上该坐船、陆上该乘车一样，顺其自然。

评 析

人们常说，性格决定命运。因此如果发现自己的性格有某方面缺陷，就要有针对性地加以调整。人各有天性，适合自己的方法才是最有效的方法。

08

好香用以熏德，好纸用以垂世，好笔用以生花，好墨用以焕彩，好茶用以涤烦，好酒用以消忧。

译 文

好香用来熏陶自己的品德，好纸用来书写流传百世的文章，好笔用来写出杰出的文章，好墨用来描绘色彩鲜艳的图画，好茶用来洗涤心灵的烦恼，好酒用来化解心头的忧愁。

评 析

物尽其用，人尽其才。每种事物都有自己的用处，只要能充分发挥自己的作用就好。人也总有自己的一技之长，只有发挥自身的优点，才能使生命处于最佳的状态，使人生达到最好的境界。

09

人生莫如闲，太闲反生恶业；人生莫如清，太清反类俗情。

译 文

人生没有什么能比得上悠闲的生活，但是太过悠闲反而会让人做出不善之事；人生也没有什么能比得过清高的品德，但是太过清高反而显得矫揉造作。

评 析

所谓清高，可以指内心纯洁高尚、不慕名利，也可以是孤芳自赏、骄傲离群。清高不是为了表现给他人看的，而是自己内心的状态。如果只是矫揉造作、假装清高，只会让人心生厌恶。

10

胸中有灵丹一粒，方能点化俗情、摆脱世故。

译 文

胸中拥有一颗真心，才能点化心中的世俗之情，才能摆脱世间的机巧心计。

评 析

心灵纯净透亮，就不会被俗世中的名利诱惑。倘若心灵蒙上了灰尘，就要想办法拭去灰尘，保持纯净，烦恼也就自然消失了。

11

无端妖冶，终成泉下骷髅；有分功名，自是梦中蝴蝶。

译 文

无论多么妖艳的美人，终究会成为九泉之下的一堆白骨；哪怕获得了功业名利，也只是像庄周梦蝶一样虚幻一场。

评 析

世间的美人终会化为白骨，得到的功名死后便烟消云散。一切都如同天上的浮云那般虚无缥缈，何必执着？何必为没有得到而烦恼？

12

独坐禅房，潇然[①]无事，烹茶一壶，烧香一柱，看达摩面壁图。垂廉[②]少顷，不觉心静神清，气柔息定蒙蒙如混沌境界，意者揖达摩与之乘槎[③]而见麻姑也。

注 释

① 潇然：清静。

② 垂廉：闭上眼睛。

③ 乘槎（chá）：乘着木筏。

译 文

独坐禅房中，清静无事时，煮上一壶茶，烧上一炷香，观赏达摩面壁图。把眼睛闭上一会儿，在不知不觉中，心变得很平静，神志也很清楚，气息也开始变得柔和而稳定，仿佛回到了最初的混沌境界，就好像拜见达摩祖师，并与他一起乘着木筏渡水而见到了麻姑一般。

评 析

现代社会喧嚣浮躁，人们需要多学习古人这种静心坐禅，不仅能修养身心，还能对自己的人生有所领悟。

13

才人之行多放，当以正敛之；正人之行多板，当以趣通之。

译 文

有才华的人，行为往往洒脱而无拘无束，应该用正直来约束他。而太过正直的人，行为过于刻板而不知变通，应该用趣味使他的个性融通一些。

评 析

言行洒脱开放、无拘无束的才子，如果人品正直，那么用天赐的才华，会做对社会有用的事，也会被更多人喜爱。然而，对于那些为人正直却太过刻板的人来说，学会变通，可以让自己与周围不同性格的人互相取长补短、完善自我、和谐相处。

14

闻人善，则疑之；闻人恶，则信之。此满腔杀机也。

译 文

听说别人做了好事，就对这件事表示怀疑；听说别人做了坏事，却深信不疑，这表明人的内心充满敌意和恨意。

评 析

善念的人听到坏事时，首先会想到人的苦衷；而内心充满忌妒、憎恨的人听到善事也常常持怀疑态度，因为自己不做善事，就认为别人也不会做善事。看待他人的态度，往往反映出自己的内心。

15

能脱俗便是奇，不合污便是清。处巧若拙，处明若晦，处动若静。

译 文

能够超脱世俗，就是不平凡；能够不与别人同流合污，就是清高。处理巧妙的事情，越要显得笨拙；处在明亮的位置，越要韬光养晦；处于动荡的环境中，越要平静对待。

评 析

大智若愚，大巧若拙。真正有智慧的人，虽然才华出众，却不会处处外露。表面看着笨拙的人也许是真正聪明的人。处动若静，就

是处乱局而内心安然不动，这种镇静的心态有助于化险为夷。

16

士君子尽心利济，使海内少他不得，则天亦自然少他不得，即此便是立命。

译文

一个有知识有修养的人，会竭尽自己的心意和能力去帮助他人，使世间需要他。那么，上天自然也会需要他，这便是确定了自己生命的意义和价值。

评析

一个人的一生将会怎样度过，这与他的生命意义和价值息息相关。能够竭尽全力帮贫济困、服务社会，也就实现了士君子的生命价值。

17

读史要耐讹①字，正如登山耐仄②路，踏雪耐危桥，闲居耐俗汉，看花耐恶酒，此方得力。

注释

① 讹（é）：错误。

② 仄（zè）路：狭窄道路。

译文

阅读史书时需要忍耐一些错字，正如登山时要忍耐山间的狭窄道路，踏雪时要忍耐危桥，在闲暇生活中要忍耐俗人，赏花时要忍耐劣酒一样，这样才能真正进入阅读史书的佳境中。

评析

天底下没有完美的东西，人生不如意也十之八九。在我们享受美好事物时，也要接受事物有瑕疵的一面。苛求完美，便无法尽情享受快乐，收获完整的人生体验。

18

若能行乐，即今便好快活。身上无病，心上无事，春鸟是笙歌，春花是粉黛。闲得一刻，即为一刻之乐，何必情欲，乃为乐耶。

译文

如果能随时行乐，立即就能获得快乐。身体没有生病，心中也没有任何烦恼，春天的鸟鸣便是动听的乐曲，春天的花朵便是天地间美丽的装饰。能得到一刻空闲，就享受一刻的快乐，为什么一定要在情欲中追求快乐呢？

评 析

人生苦短，应及时享乐。春有百花秋有月，夏有凉风冬有雪；若无闲事挂心头，便是人间好时节。

19

兴来醉倒落花前，天地即为衾枕[①]；机息忘怀盘石上，古今尽属蜉蝣[②]。

注 释

① 衾枕：棉被、枕头。

② 蜉蝣（fú yóu）：一种昆虫，生命十分短暂，只有数小时。

译 文

兴致来的时候，醉后卧倒在落花前，天和地就可以当作被子和枕头；盘坐石上，放下心机，忘怀一切烦恼，古今的纷扰都像蜉蝣的生命一样短暂。

评 析

人生匆匆，生命如蜉蝣一般短暂。何不做一个无拘无束、自由自在的人，把一切纷争都放下，把功名利禄都忘掉，这样的人生岂不是更惬意吗?

20

烦恼之场，何种不有，以法眼[①]照之，奚啻[②]蝎蹈[③]空花。

注 释

① 法眼：佛家语，指菩萨为度脱众生而照见一切法门之眼。亦指敏锐、精深的眼力。

② 奚啻（xī chì）：亦作“奚翅”。何止；岂但。

④ 蹈：攀附。

译 文

人世间是一个充满烦恼的地方，什么烦恼都有，用洞察的眼光来观察，这些烦恼只不过就像蝎子攀附在虚幻的花上罢了。

评 析

眼见未必为实，耳听未必为虚，烦恼反倒生成于此。如果人人都有一双法眼看世界，明白人生得失的常态，也就不会心生烦恼。

21

如今休去[①]便休去，若觅了[②]时了无时。

译 文

只要现在停下来，就马上可以得到休息，如果想等到事情都了结时再停下来，就永远没有终结的时候。

评 析

做事要有分寸，要学会当机立断。事情的发展是永不停止的，人的欲望也是永无止境的，想要停止的时候就要立即采取行动，不要

等到事情无法控制时再后悔莫及。

22

上高山，入深林，穷回溪幽泉怪石，无远不到。到则拂草而坐，倾壶而醉；醉则更相枕藉以卧，意亦甚适，梦亦同趣。

译 文

登上高山，进入深密的树林，走尽曲折的小溪，有幽泉和怪石的地方，不管多远都会走到。到了就坐在草地上，倒出壶中的酒，尽情畅饮；喝醉之后，就互相枕着对方的身体睡觉，此时的心情是多么闲适，连做梦都有一样的情趣！

评 析

此篇出自柳宗元《始得西山宴游记》，是诗人官场失意后寄情于山水的佳作，从中能体会到诗人豁达的心胸。与友人把臂同游，高山深林皆是乐趣，幽泉怪石皆有情趣，“拂草而坐，倾壶而醉”，然后“枕藉以卧”，这样的游玩多么心旷神怡啊！

23

天下可爱的人，都是可怜人；天下可恶的人，都是可惜人。

译 文

天下值得人们去爱的人，往往都是令人同情的人。而那些让人厌恶的人，往往都是令人觉得可惜的人。

评 析

可爱之人必有可怜之处，可怜之人必有可恨之处，可恨之人必有可惜之处。

24

事有急之不白者，宽之或自明，毋躁急以速其忿。人有操之不从者，纵之或自化，毋操切以益其顽。

译 文

事情紧急又不能辩白的时候，先放缓一下，事情可能自然就澄清了，不要太过急躁而招致他人的愤怒。越劝他越是不听的人，不如放任他，可能他自己就会改正过来，不要太急切地强迫他人听从，否则会使他更加顽固。

评 析

处理事情要讲究方法。在与人交往过程中，如果发生误会，急于解释可能并不能澄清误会，要相信“事实胜于雄辩”“清者自清，浊者自浊”，自己胸怀坦荡，就不怕遭到误解。

25

人只把不如我者较量，则自知足。

译 文

只要与不如自己的人比较一下，人自然就会知足了。

评 析

知足常乐，只能与不如自己的人比较，才会知足。而大多数人并不满意“比上不足，比下有余”的境况，拿自己的短处与别人比较，又怎么能快乐呢?

26

俭为贤德，不可着意求贤；贫是美称，只在难居其美。

译 文

节俭是一种贤良的美德，但也不能刻意追求这种名声；安于贫穷往往被人赞美，只不过难以真正安于贫穷。

评 析

凡事过犹不及。节俭是一种美德，却不值得为了名声而刻意追求，变成吝啬鬼就更不好了。有的人对自己的生活奉行节俭态度，在他人需要时却能慷慨解囊，这种节俭才是值得称道的。

27

听静夜之钟声，唤醒梦中之梦；观澄潭之月影，窥见身外之身。

译 文

在夜深人静时听到远处传来的钟声，唤醒了梦中的虚幻；在清澈的潭水中看见月亮的倒影，仿佛窥见了真实的自己。

评 析

生命就像是梦一样虚幻，喜怒哀乐、功名得失都是过眼云烟。透过明月的倒影，好像看到了真正的自我。静夜钟声，静月倒影，只有在这样的夜晚才能发现生命的真相吧。

28

作诗能把眼前光景、胸中情趣，一笔写出，便是作手，不必说唐说宋。

译 文

写诗的人如果能把眼前所看到的景致以及心中所生的意趣，一笔表达出来，就可以说是诗人了，也不一定非要引经据典，说唐道宋了。

评 析

“文章本天成，妙手偶得之。”只要发自真情，就是好诗篇，一味地引经据典，反倒匠气十足。

29

闻谤而怒者，谗之隙；见誉而喜者，佞之媒。

译 文

听到毁谤的话就会发怒的人，就使谗言有了可乘之机；听到赞美的话就沾沾自喜的人，就是给谄媚的人创造了途径。

评 析

“苍蝇不叮无缝的蛋”，只有自己的修养经得住毁谤和赞美，才不会给谗言和谄媚制造机会，对事物要有冷静的判断，避免生命的遗憾。

30

闭门即是深山，读书随处净土。

译 文

关上门，就好像住在深山中一样。能读书，就觉得到处都是净土。

评 析

把门关上，心门也就关上了，门外的纷扰离去，就像住在深山老林中一样安静。沉浸于书本中，心灵就会得到净化，所以看到的便是净土了。北宋诗人黄庭坚说：“士大夫三日不读书，则义理不交于胸中，对镜觉面目可憎，向人亦语言无味。”所以要多读书，让心灵丰富而精彩、豁达而超脱。

31

欲见圣人气象，须于自己胸中洁净时观之。

译 文

要想看到圣人的胸怀气度，一定要在自己内心洁净的时候去观察才能看到。

评 析

圣人也是人，人人可成圣，而观“圣人气象”就是观照内心洁净的自己。所谓“圣人”，一定是超凡脱俗、胸怀坦荡的人，他的心一定是干净透亮、一尘不染的。因此，我们要先修炼自己的内心，清除心中的繁杂纷扰，让心中一尘不染，才能达到圣人的境界。

32

成名每在穷苦日，败事多因得志时。

译 文

一个人成就名声往往是在穷苦贫困之时，而招致失败则常常发生在春风得意之时。

评 析

一个人在穷困潦倒时，为了摆脱眼前的困境，只能知难而上、努力奋斗。而一旦获得成功，就很容易忘记曾经的艰辛，得意忘形，安于现状，这样便很容易走向失败。不过，只有经历过成功和失败的人，才能真正具备人生的智慧。

33

看书只要理路通透，不可拘泥旧说，更不可附会新说。

译 文

看书只要把书中的道理理解透彻，不要拘泥于旧有学说，更不能对新学说盲目信从。

评 析

书是人类进步的阶梯。然而，读书也要讲究方法，尽信书则不如无书，所以要带着怀疑的精神读书，理解书中的道理并学以致用，这样才是真正读懂了书。

34

伶人代古人语，代古人笑，代古人愤，今文人为文似之。伶人登台肖古人，下台还伶人，今文人为文又似之。假令古人见今文人，当何如愤，何如笑，何如语！

译 文

演戏的人扮成古代的人，替古人说话，替古人笑，替古人生气，现在的读书人写文章也是如此。演戏的人在戏台上演古人，下台后恢复伶人的身份，现在的读书人写文章也与这点相似。假如能让古人见到现在的读书人，真不知他们将会如何生气、如何嘲笑、如何评价！

评 析

每个人都是人生舞台上的演员，无时无刻不在演绎着自己的人生。我们是否像伶人一样，为别人哭、为别人笑、为别人生气？扪心自问，你真的在做自己吗？

35

士君子贫不能济物者，遇人痴迷处，出一言提醒之，遇人急难处，出一言解救之，亦是无量功德。

译 文

因贫穷无法在物质上接济他人的读书人，可以在他人迷惑的时候，用言语来点醒他；或者看到他人有危难时，用言语来解救他，这也是无边的功德。

评 析

读书人向来清贫，但是智慧无价，可以提醒迷惑之人，解救危难之人，这就是读书人的力所能及。每个人都应该力所能及地帮助他人，“勿以善小而不为”。

36

夜者日之余，雨者月之余，冬者岁之余。当此三余，人事稍疏，正可一意学问。

译 文

夜晚是一天剩余的时间，雨天是一月剩余的时间，冬天则是一年剩余的时间，在这三种剩余的时间里，人事纷扰比较少，正好可以用来一心一意地读书。

评 析

古人说："一寸光阴一寸金，寸金难买寸光阴。"因此，我们要珍惜时间，好好读书。因此，当夜深人静、阴雨绵绵、冬日来临的时候，我们可以读书。

37

简傲不可谓高，谄谀不可谓谦，刻薄不可谓严明，苟酷不可谓宽大。

译 文

不能把轻忽傲慢当作高明，不能把谄媚称为谦让，不能把刻薄待人称为严明，不能把放任自流称为心胸宽大。

评 析

一个人的内心越缺乏什么，才会越拼命地表现什么，只有不停地沉淀自己，提高自己的修养，才不会轻易从言谈举止中暴露出自己的无知和缺乏素养。

38

画家之妙，皆在运笔之先；运思之际，一经点染，便减神机。长于笔者，文章即如言语；长于舌者，言语即成文章。昔人谓丹青乃无言之诗，诗句乃有言之画，余则欲丹青似诗，诗句无言，方许各臻妙境。

译文

画家精妙的构思，全是在下笔之前完成的；在构思的时候，一经渲染，神妙就会减少了。善于写文章的人，文章就是最美妙的语言；善于讲话的人，他说出来的话就是最美好的篇章。古人认为画是无声的诗，而诗是有声的画。我却认为，最好的画也像诗一样，虽然不着一字却能展现无穷的意境。这样的诗和画才算达到了神妙的境界。

评析

有人说，画是空间的艺术，诗是时间的艺术。真正好的诗和画是相通的，都表现了作者的情感，所以画中有诗意，诗中有画意。

39

累月独处，一室萧条，取云霞为侣伴，引青松为心知；或[①]稚子老翁，闲中来过，浊酒一壶，蹲鸱[②]一盂，相共开笑口，所谈浮生闲话，绝不及市朝。客去关门，了无报谢，如是毕余生足矣。

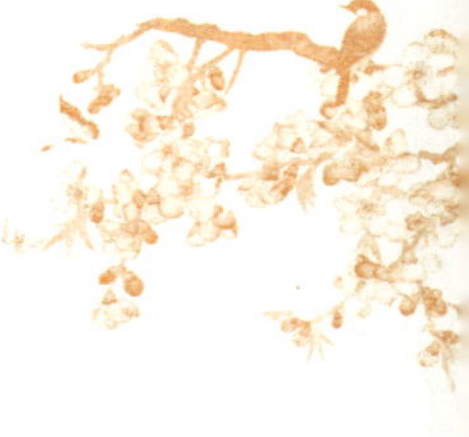

注 释

① 或：有时。

② 蹲鸱（chī）：芋头。

译 文

在连续几个月的独居生活中，满屋子都是萧条冷清的景象，于是常常把云霞当作伴侣，把青松当作知己；有时老翁空闲时带着幼童过来拜访，这时我就拿出一壶浊酒、一盘大芋头来招待他们，一起闲谈，开怀大笑，聊的都是家常话，从来不谈及市肆朝廷方面的俗事。客人告辞后我便关上门，不需要起身送客或说一些客套话，就这样过这一生，我就心满意足了。

评 析

在独居生活中找到生活的乐趣，可以云霞为伴，以青松为友，却还是少不了人情往来的交流慰藉，即便与朋友只作家常叙话。如此身清、心清、友清的独居生活，才能真正逍遥自在。

40

有书癖而无剪裁，徒号书厨；惟名饮而少蕴藉，终非名饮。

译 文

喜欢读书的人，却对知识没有取舍，只是像用来藏书的书橱罢了；喜欢饮酒的人，却不懂酒中蕴含的意趣，终究不算是懂得饮酒的人。

评 析

干一件事情，如果不想一事无成，要么不做，要么做好。读书如是，饮酒亦如此。

41

自古及今山之胜，多妙于天成，每坏于人造。

译 文

从古至今的名山胜景，绝妙之处往往在于浑然天成，却常常被人造的景观所破坏。

评 析

自然风光浑然天成的美丽，需要大家保护，否则千年之后的人们也会像我们今天一样，只能听古代的神话传说。

42

清闲无事，坐卧随心，虽粗衣淡饭，但觉一尘不淡。忧患缠身，繁扰奔忙，虽锦衣厚味，只觉万状苦愁。

译 文

清闲无事的时候，无论坐卧都随自己的心意，即便身上穿的是粗布衣服，吃的是粗茶淡饭，也不会觉得生活平淡。忧愁烦恼的时候，整天都在忙碌奔波，即便身上穿的是锦衣华服，吃的是美味佳肴，也会觉得万事皆苦。

评 析

人需要物质的满足，更需要心灵的满足。如果无论何时何地，都要找到放松自己、慰藉心灵的方法，那么粗茶淡饭便不再是苦难。

43

舞蝶游蜂，忙中之闲，闲中之忙。落花飞絮，景中之情，情中之景。

译 文

飞舞的蝴蝶，游戏的蜜蜂，它们看似忙碌却有闲情，在闲情中又显得忙碌。落花纷飞，柳絮飞扬，在这样的景色中有着难言的深情，深情中更觉景色的美好。

评 析

景由情生，才会欣赏到蝴蝶飞舞，蜜蜂采蜜，落花纷飞，柳絮飞扬，这般美好的景色。你怎样看世界，世界就会呈现怎样的景象给你。

44

鸟栖高枝，弹射难加；鱼潜深渊，网钓不及；士隐岩穴，祸患焉至。

译 文

鸟栖息在高高的树枝上，弹弓就很难射到它；鱼沉潜在水深的地方，渔网就很难捕到它；士大夫隐居在山林岩穴中，灾难祸害又怎么会降临到他身上呢？

评 析

鸟为了捕食才会低飞，鱼儿为了觅食也会浮起，士大夫为了名利招致祸患，所以鸟高飞、鱼沉潜、士大夫隐居山林，才能保全自身。只有不追名逐利的人，才不会因此招来祸患。

45

混迹尘中，高视物外；陶情杯酒，寄兴篇咏；藏名一时，尚友千古。

译 文

立足于尘世中，要使自己的眼光高远，超然于物外；饮酒陶冶情趣，吟咏诗歌寄托意趣；暂且把自己的声名藏起来，还可以与千古圣贤交朋友。

评 析

人生在世，如果能不在乎功名利禄，让自己摆脱物质的束缚，心灵就会变得豁达超脱，生命就会变得豁然开朗。能成为知心朋友的人，不在于外在的形迹，而在于心灵的相通，所以可以与古人为友。声名只是外在的东西，一时有名又怎样呢？只会打扰人的身心，让人身陷其中无法自拔罢了。

46

取凉于扇，不若清风之徐来；汲水于井，不若甘雨之时降。

译 文

用扇子扇风来取凉，不如清风缓缓吹来；到井中打水，不如天上及时降下雨水。

评 析

与大自然相比，人类的力量是极其渺小的，我们所能做的仅仅是弥补自然不能给予的东西。因此，当自然给予时，我们就要充分享受，譬如夏日凉风、及时甘霖。

47

竹里登楼，远窥韵士。聆其谈名理于坐上，而人我之相可忘。花间扫石，时候棋师。观其应危于枰间，而胜负之机早决。

译 文

在竹林里登上高楼，眺望远方的风雅文人。在座位上听他谈名论理，达到了人我两忘的境界。在花圃里打扫石凳时，等待着下棋的高手。看他应对棋盘之上的危险，而胜负早就决定了。

评 析

在安静的竹林深处，看风雅文士，清谈论理，看棋师对弈，不知不觉天色已晚。与智慧之人在一起，时间匆匆如流水一般。什么事能让你物我两忘、如痴如醉，那便是真正的趣味了。

48

有快捷之才而无所建用，势必乘激愤之处一逞雄风。有纵横之论而无所发明，势必乘簧鼓之场一恣余力。

译 文

有敏捷的才华却没有用武之地，势必会乘着激愤时一展雄风。有纵横捭阖的宏论却没有施展的地方，势必会巧言惑众，肆无忌惮显示自己的能力。

评 析

人人都有自己的才能，只是可能一时没有用武之地，只有一直积蓄，总能找到适合自己发挥的时机。至于是什么时机，就要耐心守候了，而且不能损害他人。

49

六经为庖厨，百家为异馔，三坟为瑚琏[①]，诸子为鼓吹[②]。自奉得无大奢，请客未必能享。

注 释

① 三坟为瑚琏：三坟，传说中我国最古的书籍。瑚琏，古代宗庙礼器。

② 诸子为鼓吹：诸子，指先秦至汉初的各派学者或其著作。鼓吹，指古代的器乐合奏。

译 文

把六经当作厨房，把百家学说当作珍贵菜肴，把最古老的典籍作为宗庙礼器，把诸子学派作为美妙的器乐合奏。自认为这样的招待并不奢华，请客人赴宴他们未必能得到享受。

评 析

把读六经、三坟、诸子、百家当作一种享受，吸收他们的思想为己所用，并自得其乐置办这样一场盛宴，的确是值得志同道合的人来一起享受。

50

凡名易居，只有清名难居；凡福易享，只有清福难享。

译 文

什么名声都容易获得，只有清白之名难以获得；什么福气都容易享受，只有潇洒自在的清福难以享受。

评 析

明代诗人于谦在《石灰吟》中写道，“粉身碎骨浑不怕，要留清白在人间”，也说明了一个人的清白之名难以获得，大概只有“仰不愧于天，俯不怍于人”才能做到。清福只有身心都轻松、闲适才能享受到，而大多人最难做到的就是有闲心了。

51

树影横床，诗思平凌枕上；云华满纸，字意隐跃行间。

译 文

树影斜映在床上，泉涌般的诗思平空在枕上飞起；云霞的光芒洒满纸上，隐约闪动着文字的含义。

评 析

树影横床，所见即是景，诗人躺在床上也是思绪泉涌；云霞的光芒洒满纸上，所见即是情，绚烂的文字似乎都自有韵意。

52

问祖宗之德泽，吾身所享者是，当念其积累之难；问子孙之福祉，吾身所贻者是，要思其倾覆之易。

译 文

如果要问祖宗的阴德，我现在所享受的就是，应该感念先祖积累家业的艰难；如果要问子孙的幸福，就是我能留下的家业，要意识到家业破败起来是多么容易。

评 析

打江山容易，守江山难。我们在享受先辈留下的财富时，要懂得感恩和珍惜，多做善事积累阴德，也是为后世子孙造福。

53

韶光去矣，叹眼前岁月无多，可惜年华如疾马；长啸归与，知身外功名是假，好将姓字任呼牛[①]。

注 释

① 呼牛：出自《庄子·天道》。庄子称“昔者子呼我牛也，而谓之牛；呼我马也，而谓之马”。后来把“呼牛”和“呼马”作为毁誉由人的典故。

译 文

美好的时光远去，感叹眼前的日子没有多少了，可惜这年华像飞奔的马一样快；长啸一声归去，知道身外的功名都是虚假的东西，可以把姓名任人毁誉。

评析

韶光易逝，岁月匆匆，人终将走向死亡。人死以后，功名利禄都烟消云散，声名只能任人毁誉。因此，不虚度时光，不留遗憾，不愧对自己，好好度过此生。

54

意摹古，先存古未敢反古；心持世，外厌世未能离世。

译文

想模仿古人，要先学习古人而不敢反对古人；心中装着尘世，表面讨厌尘世，心里却没能离开尘世。

评析

可以向古人学习，但不能什么都学。心里放下尘世，才是真的离开了尘世。

55

苦恼世上，度不尽许多痴迷汉，人对之肠热，我对之心冷；嗜欲场中，唤不醒许多伶俐人，人对之心冷，我对之肠热。

译 文

在苦恼的人世间，超度不完那么多痴迷人，别人对他们热情，我对他们心冷；在充满利欲的场合中，唤不醒那些聪明伶俐的人，别人对他们心冷，我对他们热情。

评 析

痴迷于烦恼的人，不懂放下，烦恼自生永不绝；追逐名利的人，自作聪明，只待现实痛击才能清醒。

56

想到非非想，茫然天际白云。明至无无明，浑矣台中明月。

译 文

想到漫无边际，心里茫然得好像是天上的白云一般。混沌到稀里糊涂，连台中的明月也弄不清楚了。

评 析

思绪翻涌，心中茫然，不知自己身在何方，明月也弄不清自己的思绪，神思缥缈于混沌之境。

57

逃暑深林，南风逗树。脱帽露顶，沉李浮瓜。火宅炎宫①，莲花②忽迸。较之陶潜卧北窗下，自称羲皇上人，此乐过半矣。

注 释

① 火宅炎宫：佛教语。指充满烦恼忧愁的尘世。

② 莲花：指佛法妙门，比喻佛境。

译 文

在深山树林中避暑，南风挑逗着树木。摘下帽子露出头顶，用冷水浸泡瓜果。在充满烦恼的尘世中，就像忽然悟得莲花法门一样清静凉爽。这与陶渊明卧在北边窗下，自称伏羲上人相比，我的乐趣更有过之而无不及。

评 析

到深山树林中避暑，环境清幽，内心清静，可以与陶渊明的闲适乐趣相提并论了。

58

类君子之有道，入暗室而不欺，同至人之无迹，怀明义以应时。一翻一覆兮如掌，一死一生兮若轮。

译 文

像君子一样的道德修养，身处无人的地方也不自欺败德，和道德修养最高超的人一样做到不留痕迹，心怀圣明道义以顺应天时。

世事无常如翻覆手掌，生死交替如车轮转动。

评 析

君子慎独，不自欺欺人而能保持人前的道德修养，才是真正的君子修养。

卷五　素

袁石公云[1]：长安风雪夜，古庙冷铺中，乞儿丐僧，齁齁[2]如雷吼；而白髭老贵人，拥锦下帷，求一合眼不得。呜呼！松间明月，槛外青山，未尝拒人，而人人自拒者何哉？集素第五。

注 释

① 石公：即袁宏道，字中郎，号石公，湖北公安人，晚明文学家、思想家，提倡“性灵说”。

② 齁齁（hōu hōu）：打鼾声。

译 文

袁宏道说：在长安的一个风雪交加的夜晚，在古庙的冰冷地铺上，讨饭的乞丐与游方的僧侣在睡梦中鼾声如雷，而富贵人家的白胡子老人，盖着锦被挡着帷幔，却彻夜难眠。呜呼！松林间的明月，门外的青山，从来不拒绝任何人，而人们非要自己把这种大自然中的美景拒之门外，这是为什么呢？因此，编纂了第五卷“素”。

评 析

风餐露宿的人已经鼾声如雷，而锦衣玉食的人却彻夜难眠。可见，穷人有穷人的安乐，富人有富人的忧愁。我们不能说谁一定比谁幸福，只有身在其中的人冷暖自知。如果全心追求功名利禄，却不能安然入睡，不能享受生活，那幸福何在？“松间明月，槛外青山”，自然中的美景就在那里，从不拒绝任何人的欣赏，但又有几个人肯放松下来，去欣赏和享受美景呢？如果仅仅把自己封闭在功名之中，岂不是少了很多乐趣？无论身处何处，能够睡得安稳，吃得香甜，才是真正的幸福啊！

01

田园有真乐，不潇洒终为忙人。诵读有真趣，不玩味终为鄙夫。山水有真赏，不领会终为漫游。吟咏有真得，不解脱终为套语。

译 文

田园生活里有真正的乐趣，如果不能潇洒，终究还是个庸庸碌碌的人。诵读诗书有真正的趣味，不细细品味，最终还是一个俗人。山水有真正值得欣赏的美景，不心领神会，最终不过是漫无目的的游玩。吟诵诗歌里有真正的心得，不能理解和超脱，最终便成了俗套之话。

评 析

世界上有很多美妙的事情，人们无论做什么都能找到其中独有的乐趣，关键在于每做一件事情都要认真领悟其中的美妙之处。世界不缺少美，而是缺少发现美的眼睛。

02

居处寄吾生，但得其地，不在高广；衣服被[①]吾体，但顺其时，不在纨绮[②]；饮食充吾腹，但适其可，不在膏粱；宴乐修吾好，但致其诚，不在浮靡。

注释

① 被：遮盖。

② 纨绮：精美的丝织品。

译文

住处是我安顿生命的地方，只要有一块地方就行，不在乎其是否高大宽广；衣服是遮盖我身体的东西，只要能顺应四季变化就好，不必在乎其是否华贵精美；饮食是填饱我肚子的东西，只要能满足身体的需要就可以，不必在乎是不是山珍海味；宴饮作乐是为了维持与朋友之间的友谊，只要表示出足够的诚意就可以，不必在乎是否浮华奢靡。

评析

凡事要懂得适可而止，人生中有很多东西都是身外之物，实际上只要满足所需就可以了。

03

琴觞自对，鹿豕为群，任彼世态之炎凉，从他人情之反覆。

译文

独自一人弹琴饮酒，与鹿猪一起，任凭世态炎凉，人情变化

无常。

评析

隐居山中与山间动物为伍，不去在意俗世中的世态炎凉、人情冷暖，才能获得心灵真正的自在吧。

04

客寓多风雨之怀。独禅林道院，转添几种生机。染翰挥毫，翻经问偈，肯教眼底逐风尘。茅斋独坐茶频煮，七碗[①]后气爽神清。竹榻斜眠书漫抛，一枕余心闲梦稳。

注释

① 七碗：唐朝诗人卢仝写过一首《七碗茶诗》：一碗喉吻润，两碗破孤闷，三碗搜枯肠，惟有文字五千卷。四碗发轻汗，平生不平事，尽向毛孔散。五碗肌骨清，六碗通仙灵，七碗吃不得也，唯觉两腋习习清风生。

译文

客居在外，心中多了许多风雨感慨。唯独在禅林道院，反而增添了几分生机。于是研墨挥笔，翻阅经书，探问偈语，怎么能让眼睛去追逐世间的风尘？独自坐在茅草屋中不断煮茶品茶，喝下七碗后，神清气爽。斜靠到竹床上读书，睡着后把书扔在一旁，心里无事，睡觉也就安稳了。

评析

身在尘世之中，难免有很多是是非非，让人心生忧愁，我们常常不知道如何排解。佛寺道院的确能让人心安静下来，但最重要的是找到心灵的依托。

05

带雨有时种竹，关门无事锄花。拈笔闲删旧句，汲泉几试新茶。

译文

下雨天有时去栽种竹子，关上门无事可做就去给花锄草。闲暇时拿笔删改几句旧诗，汲来泉水试着烹一些新茶。

评析

栽种竹子，给花锄草，删改旧诗，烹煮新茶，如此闲适随心、无拘无束、有滋有味的生活，让人好生羡慕。

06

余尝净一室，置一几，陈几种快意书，放一本旧法帖，古鼎焚香，素麈[①]挥尘。意思小倦，暂休竹榻；饷时而起，则啜苦茗。信手写汉书[②]几行，随意观古画数幅，心目间觉洒空灵，面上尘当亦扑去三寸。

注释

① 麈（zhǔ）：指鹿一类的动物，尾可做拂尘，这里即指麈尾做成的拂尘。

② 汉书：汉代书法，汉隶。

译文

我曾经打扫干净一间屋子，放置一张案几，摆上几本自己喜欢读的书，再放上一本旧的书法字帖，在古鼎中焚烧名香，用白色的拂尘扫去尘土。感觉稍有倦意时，就暂时躺在竹床上休息；到吃饭的时间起来，会喝上几口带苦味的茶。随手写上几行隶书，随意观赏几幅古画，心中顿时感觉洒脱空灵起来，脸上的俗世灰尘也被扫去了三寸。

评析

一间净室，一张案几，虽然简单，但只要读喜欢的书，做自己喜欢的事，便足以让心灵变得洒脱空灵。

07

只看花开落，不言人是非。

译 文

只观赏花开花落，不谈论人间是是非非。

评 析

为什么要把注意力放在别人的是是非非上呢？徒增烦恼罢了。如果人能把心思只用在美好的事物，闲看庭前花开花落，莫论人间是是非非，那么一定能活得更轻松自在。

08

莫恋浮名，梦幻泡影有限；且寻乐事，风花雪月无穷。

译 文

不要贪恋空虚的名声，因为名声就像梦幻泡影般有限；暂且去寻找一些让人快乐的事情，因为风花雪月的美景是无穷的。

评 析

虚幻的名声终究会像梦一样消散得无影无踪，到最后也不过是两手空空，还不如及时行乐，做一些让自己高兴的事，让生活丰富多彩。

09

白云在天，明月在地。焚香煮茗，阅偈翻经。俗念都捐，尘心

顿洗。

译 文

白云在天上，明月照耀大地。一边焚香煮茶，一边翻阅佛经道典。心中的世俗杂念都被赶走，心灵顿时得到洗涤。

评 析

在白云明月中抛弃俗念，在煮茗读经中洗涤尘心。在简单清静的生活中，心灵得以安宁。

10

暑中尝默坐，澄心闭目。作水观[①]久之，觉肌发洒洒，几阁间似有凉气飞来。

注 释

① 水观：此处指佛教的一种入定之术，坐禅时观水而得正定。

译 文

暑热时尝试默然而坐，澄净心灵闭合双眼。长时间坐禅观水，会觉得肌肤和头发都很清爽，楼阁间好像有凉风吹来。

评 析

烈日炎炎时，心静自然凉。在世事纷扰之中，也要找到能让心沉静下来的方法，保持一份属于自己的镇定和从容。

11

胸中只摆脱掉一“恋”字，便十分爽净，十分自在。人生最苦处，只是此心沾泥带水，明是知得，不能割断耳。

译文

胸中只要摆脱一个“恋”字，就会十分清爽干净、十分自在。人生最痛苦的地方，就是这颗心总是拖泥带水，心里很明白该怎么做，就是不能果断割舍罢了。

评析

人的一生当中，总会许多无可奈何、不尽如人意的地方。有些东西，明知应该放下，但就是割舍不下。放弃该放弃的，忘记该忘记的，人生会变得轻松自在。

12

无事以当贵，早寝以当富，安步以当车，晚食以当肉，此巧于处贫者。

译文

以清闲无事为珍贵，以早早安睡为财富，把慢步行走当作乘车，以晚点吃饭为肉餐，这些都是处于贫穷境地时的巧妙活法。

评析

这里说的是一种处贫之道，也包含养生学问。坦然面对困境，知足常乐，拥有这样良好的心态有助于安然度过困境，拥有高质量的幸福生活。

13

三月茶笋初肥，梅风未困；九月莼鲈正美，秫酒新香。胜友晴窗，出古人法书名画，焚香评赏，无过此时。

译 文

三月的茶叶和竹笋都刚刚鲜肥，梅雨季节的风还没有来到；九月正是鲈鱼最鲜美的时节，新酿的高粱酒发出清香。好朋友在晴天来到窗前坐下，拿出古人的书画名作，一起焚香评论欣赏，最惬意的时候也不过如此了。

评 析

既有良辰美景美食，又有与友人一起品评书画的赏心乐事，这样的人生多么美妙！

14

高枕邱中，逃名世外。耕稼以输王税，采樵以奉亲颜。新谷既升，田家大洽。肥羜[①]烹以享神，枯鱼燔[②]而召友。蓑笠在户，桔槔[③]空悬。浊酒相命，击缶长歌。野人之乐足矣！

注 释

① 羜（zhù）：幼小的羊。

② 燔（fán）：焚烧、烤肉。

③ 桔槔（jié gāo）：古代的一种井上汲水工具。

译 文

高枕在田园家中，逃离尘世间的各种声名。种植庄稼来缴纳国家的赋税，砍柴来奉养父母。新的粮食归入仓中，农人非常高兴。烹一只肥羊祭祀神灵，烤一些干鱼招待朋友。蓑衣斗笠挂在门上，汲水的桔槔悬在空中。互相劝饮浊酒，敲着瓦盆歌唱。乡野中的人这样快乐就足够了！

评 析

能够在隐居生活中体会到老百姓的淳朴幸福，并享受这种生活，才是真正超脱世俗的人。

15

性不堪虚，天渊亦受鸳鱼之扰；心能会境，风尘还结烟霞之娱。

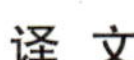

译 文

天性不能承受空虚，哪怕在高天或者深渊，也难免受到飞鹰和游鱼的骚扰；如果内心能够体会自然的意境，即便在尘世间也能获得欣赏烟霞的欢乐。

评 析

境由心生。如果内心能够与自然契合，欣赏自然之乐，那么便处处是美景，时时都能获得心灵的快乐。如果不能承受空灵的境界，不管身处何方，心也会被世俗所牵绊而不得安宁。

16

身外有身，捉麈尾矢口闲谈，真如画饼；窍中有窍，向蒲团回心究竟，方是力田。

译 文

身外有身，手中拿着拂尘随便闲谈，就像是在画饼充饥；窍中有窍，在蒲团上探究心的本原，这才是真正修心下了功夫。

评 析

要想修炼佛性，“捉麈尾”“向蒲团”都只是一些外在的形式，只有真正沉下心来，认真反省，才能真正修心修禅。

17

山中有三乐：薜荔[1]可衣，不羡绣裳；蕨薇可食，不贪粱肉；箕踞散发，可以逍遥。

注释

① 薜荔（bì lì）：植物，又称木莲，为藤蔓生。

译文

山居生活有三种乐趣：薜荔可以用来做衣服，不必羡慕锦绣华服；野菜可以吃，不必贪图精美的饭食；盘腿而坐，披头散发，可以不受约束，逍遥自在。

评析

在山林生活中，只要心中无所牵绊，就能享受山林生活的乐趣，无拘无束，逍遥自在。

18

眉公居山中，来客问："山中何景最奇？"曰："雨后露前，花朝雪夜。"又问："何事最奇？"曰："钓因鹤守，果遣猿收。"

译文

陈眉公居住在山里，有客人问他山中什么景观最奇妙？他回答说："下雨之后，白露之前，花朝节和寒雪夜。"又问他："什么事最奇特？"他回答说："让仙鹤守着钓钩，派猴子摘收果实。"

评 析

有些人穿粗布麻衣，吃粗茶淡饭，但生活却依然有滋有味、有声有色；有些人穿着华衣美服，吃着美味佳肴，却常常觉得生活枯燥乏味。如何在平淡的生活中活出趣味来，是现代人应该思考的问题。

19

嗜酒好睡，往往闭门；俯仰进趋，随意所在。

译 文

喜欢喝酒而酣睡，因此常常闭门谢客；对人俯仰进退，可以随心而为。

评 析

为人处世，常常需要遵守礼仪规则，不能随心所欲、任性而为。因此，随心而活，想做什么就做什么，就成了很多人的期待。

20

霜水澄定，凡悬崖峭壁古木垂萝，与片云纤月一山映在波中。策杖临之，心境俱清绝。

译 文

落霜后的水清澈平静，悬崖峭壁和古树藤萝、片片云彩和一弯月亮以及一片青山全都倒映在水波中。拄着木杖站在水边，觉得心情和环境都很清爽。

评 析

秋水无比澄净，天上的云彩、纤月，山上的古木藤萝，都倒映在水中。如此人间仙境般的美景，怎能不让人心旷神怡、神清气爽?

21

亲不抬饭，虽大宾不宰牲。匪直戒奢侈而可久，亦将免烦劳以安身。

译 文

亲戚来了也不提高饭菜的档次，即使是贵宾也不必宰牲宴请。不只是因为要戒除过多奢侈才可以持久，也要免除烦劳而使身体安息。

评 析

奢侈浪费，不仅仅浪费财物，也让人身心疲惫。交友贵在真诚，无须以奢侈来表达情意或彰显身份。

22

饥生阳火炼阴精，食饱伤神气不升。

译 文

饥饿会让人内生阳火，这时需要补炼内在的元气，吃得过饱容易损伤精神，而使元气不能生发出来。

评 析

常言道“吃饭只吃七分饱”，这是养生的智慧。民以食为天，要想身体健康，就要保证饮食适度，才能平衡膳食营养。

23

文章之妙，语快令人舞，语悲令人泣，语幽令人冷，语怜令人惜，语险令人危，语慎令人密，语怒令人按剑，语激令人投笔，语高令人入云，语低时令人下石。

译 文

文章精妙的地方在于，语言痛快时让人起舞，语言悲痛时让人流泪，语言幽清时让人觉得寒冷，语言哀怜时让人惋惜，语言险毒时让人感觉危险，语言严谨时让人感到缜密，语言愤怒时让人想要拔剑，语言激动时让人投笔奋起，语言高亢时让人如入云端，语言低沉时让人如胸压大石。

评 析

一篇好文章能千古流传，往往是因为精粹的思想用语言表述得恰到好处，让人忍不住拍案叫绝。除了写文章，在平时的口语交流中，也应该注意语言的威力，话说得恰到好处，才能让人心服口服。

24

鄙吝一消，白云亦可赠客；渣滓尽化，明月自来照人。

译 文

鄙俗吝啬的念头一旦消融，白云也可以作为礼物赠送给客人；心中的杂念完全排除，明月自然会来照耀你。

评 析

杂念完全消除干净，内心变得澄澈透明，看世界的眼光也就不一样了。明月始终在照耀大地，看到什么样的明月，取决于心是什么样的。人心清净，自然万物都是纯净美好的。

25

存心有意无意之妙，微云淡河汉；应世不即不离之法，疏雨滴梧桐。

译 文

持心于有意无意的微妙境界，就像是银河中缥缈的云彩；处世应该采取不即不离的方法，就像稀疏的雨滴落在梧桐上。

评 析

争名逐利的时代，如果心中不起贪念，就能无牵无挂，随心而活。为人处世要把握适度原则，在有意无意之间，在不即不离之间。能认识到这点已经很不容易，做到更是难上加难。

26

肝胆相照，欲与天下共分秋月；意气相许，欲与天下共坐

春风。

译 文

肝胆相照时，想要与天下人一起分享秋月；意气相投时，想要与天下人共同沐浴春风。

评 析

人生若能得到肝胆相照、意气相投的朋友，自然心中大悦，便想与天下人一起分享。

27

会心处不必在远，翳然[①]林水，便自有濠濮间想[②]也，觉鸟兽禽鱼，自来亲人。

注 释

① 翳然：隐没。

② 濠濮（háo pú）间想：即庄子与惠子同游濠梁和庄子钓垂濮水的故事。后人用“濠濮间想”比喻清淡无为、逍遥闲居的思绪。

译文

让人心仪的地方不一定在远方，隐没于山林流水之间，自然就会产生逍遥闲居的想法，也会发现鸟兽禽鱼都来与人亲近。

评析

如果人能领会山林之乐，那么处处都是会心之所，到哪里都能使身心愉悦，过得逍遥自在。

28

茶欲白，墨欲黑。茶欲重，墨欲轻。茶欲新，墨欲陈。

译文

茶要煮得白，墨要研得黑。茶要浓重，墨要轻巧。茶要新鲜的好，墨要陈旧的好。

评析

据宋代《高斋漫录》记载，此语是司马光与苏轼谈论茶墨俱香的话。任何一种东西，性质不同，便会有不同的判定标准。

29

馥喷五木之香，色冷冰蚕之锦。

译 文

浓郁的香气就像五木香的味道，颜色冷艳就像冰蚕丝织的锦缎。

评 析

只要用心，就能发现生活中更多的美丽，获得更多视觉和嗅觉的享受。

30

客过草堂，问：“何感慨而甘栖遁？”余倦于对，但拈古句答曰：“得闲多事外，知足少年中。”问：“是何功课？”曰：“种花春扫雪，看箓[①]夜焚香。”问：“是何利养？”曰：“砚田无恶岁，酒国有长春。”问：“是何还往？”曰：“有客来相访，通名是伏羲。”

注 释

① 箓（lù）：道教的秘文，记载上天神名。

译 文

有客路过我居住的草堂，问：“是什么样的感慨让你甘愿隐居起来？”我懒得回答，就顺手用古诗回答说：“想得到一些空闲，需要多在事外的状态，懂得知足的人才能活得年轻。”又问：“那你是怎么做到的呢？”我回答说：“春天种花扫雪，阅读道教典籍，夜晚焚香入梦。”又问：“有什么方法利于养生？”我回答说："靠笔墨维持生计，常喝酒以解忧愁。"又问："有什么样的交往？"我回答说："有客人来访时，通报的名字是伏羲上人这样的隐士。"

评析

陶渊明北窗纳凉，自称是伏羲上人，作者也借此比喻跟他一样真正超脱世俗的隐者。

31

山居胜于城市，盖有八德：不责苛礼，不见生客，不混酒肉，不竞田产，不闻炎凉，不闹曲直，不征文逋[①]，不谈士籍[②]。

注释

① 文逋（bū）：逋，逃亡。这里指有文采的避世隐士。

② 士籍：士人的出身门第。

译文

山居生活胜过城市生活，原因共有八项好处：不受严苛的礼数约束，不用见陌生的客人，不用与酒肉朋友混在一起，不用比较田产多少，也不用听那些世态炎凉的事情，不为是非曲直而争论，不用应国家之征，也不必谈论士人的出身门第。

评 析

隐居山林，过着无拘无束、自由自在的生活，没有尘世中的种种烦恼。古代文人雅士乐于隐居，不仅因为山林的环境清幽，还因为可以避免政治旋涡中的身不由己，逃离世态炎凉的变幻莫测，因而可以在山林中找到自己的精神家园，修身养性，悠然自得。

32

磨墨如病儿，把笔如壮夫。

译 文

研墨时要像生病的孩童一般轻柔缓和，拿笔写字时要像强壮的男人那样用劲。

评 析

对待不同事物，要用适当的方法。该轻柔就轻柔，该用力就用力。

33

饭后黑甜，日中薄醉，别有洞天。茶铛酒臼，轻案绳床，寻常福地。

译 文

吃完饭后熟睡一会儿，中午喝酒微醉，这种生活自是别有洞天。茶饮酒具，精巧的书案和绳床，就是平常的福地。

评 析

其实，所谓的“福地”并不难找，有觉可睡，有酒可喝，有茶可饮，有书可读而已。只要热爱生活，所居之处便是福地。

34

翠竹碧松，高僧对弈；苍苔红叶，童子煎茶。

译 文

翠竹青松下，高僧在下棋；绿苔红叶中，童子在煮茶。

评 析

翠竹碧松，苍苔红叶，在这样一片美景中，惬意下棋、品茶，真潇洒自在啊！

35

和雪嚼梅花，羡道人之铁脚①；烧丹染香履，称先生之醉吟②。

注 释

① 道人之铁脚：铁脚道人。据明张岱《夜航船》记载：铁脚道人尝爱赤脚走雪中，兴发则朗诵《南华·秋水篇》，嚼梅花满口，

和雪咽之，曰：“吾欲寒香沁入心骨。”

② 先生之醉吟：醉吟先生，白居易的别称。元代辛文房《唐才子传》：“公好神仙，自制飞云履，焚香振足，如拨云雾，冉冉升云。初来九江，居庐阜峰下，作草堂烧丹。”

译 文

和着雪咀嚼梅花，羡慕铁脚道人的赤脚行走；炼丹时染红香鞋，称赞白居易醉酒吟诵的诗篇。

评 析

古人发痴，自有一番意趣赤心，和雪嚼梅，赤脚雪上行；炼丹染红鞋履作飞天鞋，其实是醉后发痴语。

36

灯下玩花，帘内看月，雨后观景，醉里题诗，梦中闻书声，皆有别趣。

译 文

在灯下赏花，在帘内赏月，在雨后赏景，在醉中写诗，在梦中听读书声，都别有一番情趣。

评 析

同样一件事，换一种做法，会发现迥然不同的情趣。

37

铁笛吹残，长啸数声，空山答响；胡麻饭罢，高眠一觉，茂树屯阴。

译文

铁笛吹落残阳，长啸几声，空山传来回音；吃完胡麻饭，睡一觉起来后，茂盛的大树底下已成一片绿荫。

评析

乡野中吹笛长啸，饭毕酣睡，如此悠闲自在，连时光都好像变得闲适而悠长。

38

编茅为屋，叠石为阶，何处风尘可到？据梧而吟，烹茶而话，

此中幽兴偏长。

译 文

编织茅草做成屋顶，垒石砌成台阶，哪里的风尘可以到达这里呢？倚靠着梧桐树即兴吟诗，煮茶谈话，这里面有着绵长幽静的意趣。

评 析

风尘无处不到，但如果心灵超脱了凡尘俗世，便可以得到另一种意趣。

39

皂囊白简[①]，被人描尽半生；黄帽青鞋[②]，任我逍遥一世。

注 释

① 皂囊白简：指官宦人生。皂囊，黑绸口袋。汉代大臣上奏涉密之事，就是用皂囊封之。白简，古时官员的奏章。

② 黄帽青鞋：指平民服饰，代指平民生活。

译 文

皂囊白简的官宦人生，被人弹劾污蔑了半生；黄帽青鞋的平民生活，可以让我一生逍遥自在。

评 析

宦海沉浮，让人阅尽人情冷暖，尝尽弹劾污蔑。其实，还不如做个普通的老百姓，身心自在，逍遥快活。

40

葆真莫如少思，寡过莫如省事；善应莫如收心，解谬莫如淡志。

译 文

要想保持真性情不如少思虑，要想少犯错误不如少些事；要想善于应对世事不如收起心思，要想解除烦恼不如淡泊明志。

评 析

思虑太多就容易失去率真的本性，多事必然增加犯错的概率；专心做事必然能应对自如，淡泊明志自然能解除烦恼。

41

世味浓，不求忙而忙自至；世味淡，不偷闲而闲自来。

译 文

尘世味浓郁，不用寻求忙碌，忙碌自己就来找你了；尘世味淡泊，不想偷闲，可清闲就自己来了。

评 析

想要入世，自然就会忙碌不堪，想要出世，清闲自然就有了。忙碌或清闲，都只是一种选择，选择了什么样的生活，只要能在其中找到乐趣就可以了。

42

净几明窗，一轴画，一囊琴，一只鹤，一瓯茶，一炉香，一部法帖；小园幽径，几丛花，几群鸟，几区[①]亭，几拳石，几池水，几片闲云。

注 释

① 区：即指所、处。量词。

译 文

屋内，有干净的几案、明亮的窗户、一轴画、一架琴、一只鹤、一杯茶、一炉香和一本法帖；屋外，小小庭园通幽小径，有几丛花、几群鸟、几处亭、几块石、几池水和几片闲云。

评 析

作者用简单的几个词，勾勒出一个美好的生活画面。这样的生活，是看破世事沧桑之后的恬淡，是经历人世雨雪风霜后的悠然。

43

心事无不可对人语，则梦寐俱清；行事无不可使人见，则饮食俱稳。

译文

心里没有不能对别人说的事情，就一定能睡得安稳没有噩梦；做的事没有不能让别人看到的，饮食就一定会稳稳当当。

评析

不做亏心事，不怕鬼敲门。做事做人光明磊落、堂堂正正，自然能吃得好、睡得香。但忌讳“交浅言深”、絮絮叨叨，这又成了另一种极端。

44

亵狎易契，日流于放荡；庄厉难亲，日进于规矩。

译文

轻慢随意的人容易接近，但交往日久就会让自己变得放荡轻佻起来；庄重严厉的人，虽然难以亲近，交往久了却可以让自己变得本分规矩。

评析

近朱者赤，近墨者黑。因此，交朋友要有所选择，否则很容易沾染不良习惯。

45

甜苦备尝好丢手，世味浑如嚼蜡；生死事大急回头，年光疾如跳丸。

译 文

甜与苦都尝过，就可以放手了，世间百味浑然如同嚼蜡一般；生与死是大事，要赶快回头，时间飞逝如同弹丸一般。

评 析

尝尽人间的酸甜苦辣，才会懂得世态炎凉。既然已经看透世事，就不要再浪费时间、虚度光阴。唯有珍惜时间，做想做的事，方才不负此生。

46

若富贵由我力取，则造物无权；若毁誉随人脚根，则谗夫得志。

译 文

倘若富贵全由我自己的力量就可以获取，那么造物主便没有了权力；倘若诋毁与称赞随人任意相传，那么说谗言的人就会得志。

评 析

富贵在天，并非个人努力就一定能得到；毁誉亦不随人，所以凡事不必强求。争其必然，而后要做到顺其自然。

47

清事不可着迹，若衣冠必求奇古，器用必求精良，饮食必求异巧，此乃清中之浊，吾以为清事之一蠹。

译文

做清心之事不能留下痕迹，倘若穿衣戴帽一定要追求精致古典，用的器具必须追求精良，吃的东西必须追求珍奇，这就是清雅中的污浊之举，我认为这是对清雅生活的一种败坏。

评析

古往今来，人们都追求清高的名声，但凡事不可刻意追求，否则失其本意本质，就变成庸俗了。

48

吾之一身，尝有少不同壮，壮不同老。吾之身后焉有子能肖父？孙能肖祖？如此期必，尽属妄想，可所尽者，惟留好样与儿孙而已。

译文

我的一生，常常会有少年不同于壮年，壮年不同于老年的地方。我死后还能有多少孩子能像父亲，孙子能像祖父的？如果有这样的期望，都是痴心妄想，我们唯一能尽力做到的，只是给子孙树立好榜样而已。

评 析

“百岁光阴似水流，道高德重把名留。儿孙自有儿孙福，莫与儿孙作远忧。”一个人所能做好的只有自己，所能给儿孙留下的也只有一个好的榜样。大家都知道父孝子贤的道理，在一个家庭中，言传身教起着潜移默化的榜样作用。

49

半窗一几，远兴闲思，天地何其寥阔也。清晨端起，亭午高眠，胸襟何其洗涤也。

译 文

半窗翠山，一几青烟，使人神思缥缈，感慨天地是多么的辽阔。早晨起床端坐，中午在凉亭熟睡，醒后心胸澄净好像被洗涤过一样。

评 析

辽阔的天地，让人心生无限遐思；清心寡欲，方可酣睡高卧，醒后神清气爽。

50

行合道义，不卜自吉；行悖道义，纵卜亦凶；人当自卜，不必问卜。

译 文

行为合乎道义，不用占卜算命自然吉祥如意；行为违背道义，就是占卜也会有凶险；人应该自己给自己占卜，没有必要去占卜问卦。

评 析

在做任何事情之前，都要先过自己这道心关，只做符合道义的事情，才对得起自己的良心，事情也能逢凶化吉，一切顺遂。

51

奔走于权幸之门，自视不胜其荣，人窃以为辱；经营于名利之场，操心不胜其苦，己反以为乐。

译 文

在权贵人家奔走，自己觉得极其荣幸，别人私下却以此羞辱你；在争夺名利的场所经营谋划，极其劳神辛苦，自己却反认为是乐事。

评 析

权贵名利皆是身外之物，辛辛苦苦争名逐利，到最后也不过是一场空。大多数人仍身在其中，并以之为荣、以之为乐，看破者寥寥无几。

52

片时清畅即享片时，半景幽雅即娱半景，不必更起姑待之心。

译 文

有片刻的清心畅快，就享受这片刻的时光，有半点幽雅的景色，就享受这半点的景色，不必心生姑且等待的想法。

评 析

时光不等人，要活在当下。春有百花秋有月，夏有凉风冬有雪，窗外或路边有什么风景就尽情欣赏吧。不必苛求完美，此刻拥有的便是最好的。

53

一室经行[1]，贤于九衢奔走；六时[2]礼佛，清于五夜朝天。

注 释

① 经行：佛教语。指在一地徘徊。

② 六时：佛教把一天分为六个时辰，即晨朝、日中、日没、初夜、中夜、后夜。六时礼佛，就是按时礼拜。

译 文

在房间内来回经行，胜过四处奔波；按时礼经拜佛，好过整夜朝拜上天。

评 析

万事“心诚则灵”，这样“平日不烧香，临时抱佛脚”并不能起丝毫作用，何况礼佛是一个长期坚守佛心的过程，更需要虔诚，才能去除俗念，修得心无挂碍。

卷六　景

结庐松竹之间，闲云封户；徙倚青林之下，花瓣沾衣。芳草盈阶，茶烟几缕，春光满眼，黄鸟一声。此时可以诗，可以画，而正恐诗不尽言，画不尽意。而高人韵士，能以片言数语尽之者，则谓之诗可，谓之画可，则谓高人韵士之诗画亦无不可。集景第六。

译 文

在松树竹林之间建造房子，悠闲的白云飘荡在门前；在绿林之下徘徊流连，花瓣沾在衣服上。芳草长满台阶，煮茶的炊烟飘起几缕，满眼都是春光，黄鸟一声啼叫。此时可以作诗，可以画画，只怕诗不能说尽想说的话，画不能画尽想画的意思。而高人雅士，能用只言片语把这种意境表达清楚，说是诗也行，说是画也行，或者说是高人雅士的诗作和绘画也没有什么不可以的。因此，编纂了第六卷“景”。

评 析

看着眼前的松竹青林、春光美景，想要真正领略这片美景，还需要心灵真正与景物融合，高人雅士可以做到，于是写诗或者作画，只恐怕还是不能言尽此景之美。

01

花关曲折，云来不认弯头；草径幽深，落叶但敲门扇。

译 文

开满鲜花的关山曲曲折折，云来了都不知道从哪里拐弯；小路芳草幽静深远，落叶洒落敲打门扉。

评 析

繁花茂草，白云落叶，曲径通幽，一片祥和安静的景象。人的心灵在此刻也定是安静喜悦的，否则，怎么会看到“白云迷路”“落叶敲门”这样有趣的景象呢?

02

细草微风，两岸晚山迎短棹；垂杨残月，一江春水送行舟。

译 文

微风吹拂，小草轻摇，日暮时分两岸的山峦迎接划水的短桨。杨树低垂，残月当空，一江春水送别起航的小船。

评 析

日暮时分，残月当空，小船渐行渐远，一种寂静的离别轻愁弥漫在山水间。

03

闲步畎亩[①]间，垂柳飘风，新秧翻浪；耕夫荷农器，长歌相应；牧童稚子倒骑牛背，短笛无腔，吹之不休，大有野趣。

注 释

① 畎（quǎn）亩：田间，田地。畎，田间水沟。

译 文

信步走在田埂上，垂柳在风中摇曳，新插的秧苗像波浪翻滚；农民扛着农具，唱着歌彼此回应；牧童倒骑在牛背上，短笛吹得不成腔调，却吹个没完，此番情景特别有山野的乐趣。

评 析

走在乡间小路上，看垂柳飘风，新秧翻浪，听农夫唱歌，牧童吹笛，好一幅活灵活现、充满野趣的画面！

04

夜阑人静，携一童立于清溪之畔。孤鹤忽唳，鱼跃有声，清入肌骨。

译 文

夜深人静，带着一个童仆站在清澈的小溪旁。孤鹤忽然鸣叫，鱼儿在水中跃起发出声音，一股清凉之气沁入肌骨。

评 析

夜阑人静之时，站在清溪之畔，听见孤鹤啼鸣、鱼跃之声，更加显得夜的清静冷寂。简短的文字中，有人有物，有静有动，充满闲情意趣。

05

门内有径，径欲曲；径转有屏，屏欲小；屏进有阶，阶欲平；阶畔有花，花欲鲜；花外有墙，墙欲低；墙内有松，松欲古；松底有石，石欲怪；石面有亭，亭欲朴；亭后有竹，竹欲疏；竹尽有室，室欲幽；室旁有路，路欲分；路合有桥，桥欲危；桥边有树，树欲高；树阴有草，草欲青；草上有渠，渠欲细；渠引有泉，泉欲瀑；泉去有山，山欲深；山下有屋，屋欲方；屋角有圃，圃欲宽；圃中有鹤，鹤欲舞；鹤报有客，客不俗；客至有酒，酒欲不却；酒行有醉，醉欲不归。

译 文

门内有条小路，小路要曲曲折折；小路转弯的地方有座屏风，屏风要小巧；屏风过了有一处台阶，台阶要平整；台阶旁边有一丛花，花朵要鲜艳；花丛外面有一堵墙，墙要低矮；墙里面有一棵松树，松树要古老：松树下有一块石头，石头要奇特；石头对面有一座亭子，亭子要古朴；亭子后面有一片竹林，竹子要稀疏；竹林尽头有一间小屋，房屋要幽静；房屋旁边有一条路，路要分叉；岔路合到一起的地方有一座桥，桥看起来很高；桥边上有一棵大树，树要长得高；树荫下有一块草坪，草色要青；青草上面有一条水渠，水渠要细；水渠引来一道泉水，泉水要从高处形成瀑布；泉水出去有一座山，山要幽深；山下面有一间屋子，屋子要方正；屋角有一块园圃，园圃要大；园圃中有一只仙鹤，仙鹤要跳舞；仙鹤鸣叫报告有客人来，客人不是俗人；客人来了有酒，饮酒不要推辞；饮酒有了醉意，醉了便不要回去。

评 析

文中描述的是艺术园林景致的构思图，图中景物应有尽有，让人目不暇接。这园中还有热情好客的主人，真想走进这座园林去观赏一番，真想与这主人不醉不归。

06

清晨林鸟争鸣，唤醒一枕春梦。独黄鹂百舌，抑扬高下，最可人意。

译 文

清晨时，树林中的鸟儿争相鸣叫，把人从春宵酣梦中唤醒。唯有黄鹂和百舌的鸣叫声，抑扬多变，时高时低，声音最动听。

评 析

生活在大自然中，清晨被鸟鸣声唤醒，让人心满意足，不胜欢喜，别有一番情趣。

07

高峰入云，清流见底；两岸石壁，五色交辉；青林翠竹，四时俱备；晓雾将歇，猿鸟乱鸣；日夕欲颓，沉鳞竞跃，实欲界[①]之仙都。自康乐[②]以来，未有能与其奇者。

注 释

① 欲界：即人世间。佛家语。

② 康乐：谢灵运，字康乐。南北朝时期杰出的诗人、文学家、旅行家。

译 文

高山直插云霄，流水清澈见底；两岸的石壁，五光十色，交相辉映；青翠的树林，碧绿的竹林，一年四季都是一片苍翠；早晨的雾气将要消散，猿猴和小鸟乱叫；傍晚时分，太阳欲落，池中的鱼儿竞相跃出水面，这确实是人世间的仙境。自从谢灵运以来，就没有发现像他那样能领略山水之奇妙的人了。

评 析

作者用极其简短的文字，就将山川之秀、自然之美描摹得淋漓尽致，让人忍不住想走进这人间仙境，享受山水之乐。

08

长松怪石，去墟落不下一二十里。鸟径缘崖，涉水于草莽之间。数四左右，两三家相望，鸡犬之声相闻。竹篱草舍，燕处其间，兰菊艺之。霜月春风，日有余思。临水时种桃梅，儿童婢仆皆布衣短褐。以给薪水[①]，酿村酒而饮之。案有诗书、庄周、太玄[②]、楚辞、黄庭[③]、阴符[④]、楞严、圆觉[⑤]数十卷而已。杖藜蹑屐，往来穷谷大川。听流水，看激湍，鉴澄潭，步危桥，坐茂树，探幽壑，升高峰，不亦乐乎。

注 释

① 薪水：打柴取水。

② 太玄：西汉扬雄撰写的《太玄经》。

③ 黄庭：相传老子所著的《黄庭经》。

④ 阴符：相传黄帝所著的《阴符经》。

⑤ 楞严、圆觉：指佛教经典《楞严经》和《圆觉经》。

译 文

高高的松树，奇异的石头，距离村落不少于一二十里路。小路沿着悬崖蜿蜒，在山野林莽中涉水而过。为数不多的两三家彼此相望，可以听到鸡鸣狗叫的声音。竹篱笆，茅草屋，燕子落在中间，种植着兰花和菊花。秋月春风，每天都有想不完的事。春雨将要来时栽种桃树和梅树，孩子和仆人都穿着短衫布衣。自己打柴取水，喝自家酿的土酒。案上有《诗经》《尚书》《庄子》《太玄经》《楚辞》《黄庭经》《阴符经》《楞严经》《圆觉经》数十卷书籍。拄着木杖穿着木鞋，往来于深山大河中。听水流之声，看激流湍急，观清澈潭水，走过危桥，坐在茂盛的树下，在幽深的山谷中探寻，登上高高的山峰，这不是很让人快乐吗！

评析

虽然身处竹篱草舍，却有兰菊桃梅可赏，有诗书数卷可读，有鸡犬之声可闻，有自酿土酒可饮，有穷谷大川可探。这样的生活，真是不亦乐乎。

09

天气晴朗，步出南郊野寺。沽酒饮之，半醉半醒。携僧上雨花台[①]，看长江一线，风帆摇曳，钟山紫气，掩映黄屋[②]。景趣满前，应接不暇。

注释

① 雨花台：在今江苏南京。传说梁武帝时云光法师在此处讲经，天空落花如雨，故得此名。

② 黄屋：指帝王的宫殿。

译 文

天气晴朗，走出南郊的寺庙。买酒来喝，喝得半醉半醒。与老僧一起登上雨花台，看长江如同丝带般蜿蜒流淌，风帆来回摇摆，钟山上的紫气掩映着帝王的宫殿。有趣的景物涌在眼前，令人应接不暇。

评 析

晴空万里，携同老僧登高远眺，看长江如带，风帆摇曳，看旧朝宫殿，紫气缭绕。满眼都是美景，让人乐不思归。

10

净扫一室，用博山炉[①]爇[②]沉水香。香烟缕缕，直透心窍，最令人精神凝聚。

注 释

① 博山炉：古香炉名。

② 爇（ruò）：烧。

译 文

打扫干净一间屋子，用博山炉点燃沉水香。香烟缕缕，直沁心脾，最能让人聚精会神。

评 析

沉香之“沉”，在于其沉静内敛；沉香之“香”，在于其永不消散。

伴着缕缕清香，人的心也安静下来。在这个充满浮躁之气的社会中，人人都需要找到让心灵沉静的方法，保持内心的一缕芳香。

11

每遇胜日有好怀，袖手吟古人诗足矣。青山秀水，到眼即可舒啸，何必居篱落下，然后为己物。

译 文

每次遇到好日子就有了情怀，抄起手吟诵古人的诗就足够了。青山秀水，到自己的眼中就可以舒心长啸，何必要等到居住在自己的篱落下，才可以欣赏美景。

评 析

遇到好天气好日子，想吟诵就吟诵；面对青山绿水，想作诗便作诗。想做什么就放开去做，不必非要等到万事俱备。

12

乔松十数株，修竹千余竿；青萝为墙垣，白石为鸟道；流水周于舍下，飞泉落于檐间；绿柳白莲，罗生池砌；时居其中，无不快心。

译 文

青松十几株，长竹千余棵；青藤围成的墙壁，白色的石头铺成了窄窄的山路；流水围绕着房舍，飞瀑落在天井里；翠绿的柳树，

洁白的莲花，错杂地生长在池畔水中；时时置身这样的美景中，十分舒心快乐。

评 析

这里有松有竹，有绿柳白莲、流水飞泉，还有青藤围墙、白石小路，居住在这样清幽的环境中，怎能不感到舒畅快乐呢？对于生活在现代的人来说，想要走近这样的自然美景，恐怕都很难了。

13

人冷因花寂，湖虚受雨喧。

译 文

人感觉冷清是因为花都凋谢了，湖水显得清虚是因为雨打水面的喧闹。

评 析

人的心情总是随着外物变化而变化。百花凋零，自然会让人感到几分寒冷、几分寂寞。

14

以江湖相期，烟霞相许。付同心之雅会，托意气之良游。或闭户读书，累月不出。或登山玩水，竟日忘归。斯贤达之素交，盖千秋之一遇。

译 文

与江湖相约，以烟霞相许。与志同道合的人聚会，与意气相投的朋友结伴游玩，或者闭门读书，几个月不出来。或者登山玩水，到了晚上还不想回去。与这种贤达人士的真诚交往，大概千年才能一遇。

评 析

交友，重在交心，找一个志趣相投的朋友并不容易，千年才能一遇。如果找到了，不管是在家闭门读书，还是外出登山玩水，都有了不一样的乐趣。

15

荫映岩流之际，偃息琴书之侧。寄心松竹，取乐鱼鸟，则淡泊之愿于是毕矣。

译 文

树荫映在岩溪上时，躺在琴、书旁边小憩。向松竹寄托心思，从鱼鸟那里获得快乐，那么淡泊的愿望就算实现了。

评 析

山间泉水潺潺，松竹长青，鸟腾鱼跃，自有一番乐趣。寄情于山

水之间，自然会淡泊无争，无忧无虑。

16

凡静室，须前栽碧梧，后种翠竹；前檐放步，北用暗窗。春冬闭之，以避风雨；夏秋可开，以通凉爽。然碧梧之趣，春冬落叶，以舒负暄[1]融和之乐；秋夏交阴，以蔽炎烁蒸烈之威。四时得宜，莫此为荣。

注释

① 负暄：冬天晒太阳取暖。

译文

凡是安静的房屋，必须在前面栽种绿色的梧桐，后面种植青翠的竹子；前面的房檐要宽敞得可以散步，北墙使用暗窗。春天和冬天关上窗户，以避风雨。夏天和秋天打开窗户，以通风凉爽。然而梧桐树的趣处在于，春天和冬天的落叶，可以让人体味烤火的暖融之乐；夏天秋天树叶交相掩映，可以遮蔽炎阳烈日的火热。四个季节都有好处，没有比这更好的了。

评析

前栽碧梧，后种翠竹，房舍前后一片翠绿，清静中透出盎然生机；而且梧桐四时得宜，给生活增添了不少色彩。

17

家有三亩园，花木郁郁。客来煮茗，谈上都[1]贵游[2]。人间可喜事：或茗寒酒冷，宾主相忌；其居与山谷相望，暇则步草径相寻。

注 释

① 上都：对京都的通称。

② 贵游：指没有官职的王公贵族，也泛指显贵者。

译 文

家中有三亩园田，花木郁郁葱葱。客人来了烹煮茗茶，谈论的都是京城的王公贵族。人间值得高兴的事，要么是谈话高兴以至于茶酒凉了，宾客、主人的身份都忘记了；要么是居住的地方与山谷相对，有空时沿着草间小路就能找到好的去处。

评 析

人间的快乐，一是拥有志趣相投的朋友，谈话以至忘记时间、忘记身份，二是可以忘情于山水之间，欣赏眼前的美景。

18

良辰美景，春暖秋凉，负杖蹑履，逍遥自乐，临池观鱼，披林听鸟。酌酒一杯，弹琴一曲，求数刻之乐，庶几居常以待终。筑室数楹，编槿为篱，结茅为亭，以三亩荫竹树栽花果，二亩种蔬菜，四壁清旷，空诸所有。蓄山童灌园剃草，置二三胡床着亭下，挟书剑伴孤寂，携琴弈以迟良友，此亦可以娱老。

译 文

美好的时光有美丽的景色，在温暖的春日或凉爽的秋天，拄着竹杖，穿着木鞋，逍遥自在，乐在其中，来到池边观鱼，走进树林听鸟鸣。喝上一杯酒，弹上一支曲子，求得片刻的欢乐，姑且以平常的态度来等待终老。建造几间房子，编槿条为篱笆，用茅草搭建凉亭，用三亩地栽种竹树和花果，二亩地种蔬菜，家中四壁皆空，十分空旷。养着童仆来浇园拔草，把两三张折凳放在亭子下面，书籍宝剑伴我打发孤独寂寞，琴棋以便会友留客，这样的生活就可以娱乐至老。

评 析

隐居山中，虽是逍遥自在，不免有点孤寂，幸好有琴棋书画酒为伴，有好友一起弹琴下棋，方可减少些落寞，不辜负这良辰美景。

19

春山艳冶如笑，夏山苍翠如滴，秋山明净如妆，冬山惨淡如睡。

译 文

春天的山，艳丽妖冶，如同绽放的微笑；夏天的山，苍莽翠绿，好像纯净的水滴；秋天的山，明丽清净，好像精心打扮过的妆容；冬天的山，凄凄惨惨，好像沉睡的模样。

评 析

本篇出自北宋代郭熙的《山水训》，文中巧用拟人和比喻，生动地描绘出春夏秋冬四季鲜明特色的山景。

20

眇眇[1]乎春山，淡冶而欲笑；翔翔乎空丝[2]，绰约而自飞。

注 释

① 眇眇：辽远、高远的样子。

② 空丝：杨柳枝。

译 文

辽远的春山，容颜秀雅，面带微笑；杨柳树枝迎风飘起，好像在空中飞舞。

评 析

眼前一幅春光明媚的景象，远处的春山和近处的杨柳都自有一股多情的媚态，境由心生，可以体会到作者此时的美丽心情。

21

山曲小房，入园窈窕幽径，绿玉[①]万竿，中汇涧水为曲池，环池竹树云石，其后平冈逶迤，古松鳞鬣[②]，松下皆灌丛杂木，茑萝骈织，亭榭翼然。夜半鹤唳清远，恍如宿花坞，间闻哀猿啼啸，嘹呖[③]惊霜，初不辨其为城市为山林也。

注 释

① 绿玉：指竹子。

② 鳞鬣（lín liè）：本义指龙的鳞片和鬣毛。这里用鳞比喻松树皮，用鬣比喻松针。

③ 嘹呖（liáo lì）：形容声音响亮凄清。

译 文

山拐弯处有间小房，走进园中悠长曲折的小径，两旁绿竹无数，中间的一道涧水汇聚成一个弯曲的水池，环绕水池的有竹树和云石，后面是曲折蜿蜒的平冈，古松成林，松下都是灌木丛，丛中蔓草藤萝交织，林中有亭台楼榭翼然矗立。半夜时分鹤鸣声清亮高远，恍惚间好像住在仙境中，不时听到猿猴的哀啼，声音凄厉似乎惊动了秋霜，乍听分不清身处城市还是山林。

评 析

山中小园，有流水松竹，亭台楼榭，幽深雅静，宛如仙境，让人流连忘返。

22

万里澄空，千峰开霁，山色如黛，风气如秋。浓阴如幕，烟光如缕。笛响如鹤唳，经飓如咿语，温言如春絮，冷语如寒冰，此景不应虚掷。

译 文

万里晴空，千座山峰中的云雾都飘散开来，山色青翠如黛，风气像凉爽的秋天。浓密的树荫好像幕布一样，光线透过晨曦好像丝缕一般。笛声像鹤鸣一般，风声像小孩咿呀学语，柔和的语言就像春天的柳絮，冰冷的语言犹如寒冬的冰块，这种美景不应该虚度。

评 析

作者连用比喻、拟人的手法，描绘出了万里晴空下的大好风光，心中有情，则万物皆有情，莫辜负这般美好的时光。

23

山房置古琴一张，质虽非紫琼绿玉，响不在焦尾号钟[①]，置之石床，快作数弄，深山无人，水流花开，清绝冷绝。

注 释

① 焦尾号钟：焦尾、号钟，古琴名，与绿绮、绕梁并称中国古代四大名琴。

译 文

在山房里放一架古琴，即便质地不是紫玉和绿玉，声音也比不上焦尾、号钟那样的古琴，但是放在石床上面，高兴时弹上几曲，深山无人的情况下，只有溪水流动、野花开放，琴声更显清幽绝伦。

评 析

深山空旷无人，与古琴相伴，与大自然相伴，才能自得其乐，生活充满情趣。

24

密竹轶云，长林蔽日，浅翠娇青，笼烟惹湿。构数椽其间，竹树为篱，不复葺垣。中有一泓流水，清可漱齿，曲可流觞。放歌其间，离披[①]蒨郁[②]，神涤意闲。

注 释

① 离披（pī）：分散下垂貌；纷纷下落貌。

② 蒨（qiàn）郁：形容草木茂盛。

译 文

茂密的竹林直插云霄，高大的树林遮住了阳光，绿草娇嫩泛着浅青色，在烟雾笼罩下沾着湿气。搭建几间小房，竹子和树作为篱笆，不用再修墙。中间有一湾清泉，清澈得可以漱口，在弯曲处可以流觞。在这里放声歌唱，草木茂盛而散乱自然，人的精神如洗涤过后的闲适自在。

评 析

在密竹深林中修葺房屋，在清泉杂草中放声歌唱，真是惬意畅快！

25

抱影寒窗，霜夜不寐，徘徊松竹下。四山月白露坠，冰柯相与，咏李白《静夜思》，便觉冷然寒风。就寝复坐蒲团，从松端看月，煮茗佐谈，竟此夜乐。

译 文

在寒凉的窗前抱臂独坐，下霜的夜晚不能入眠，在松树竹林下面来回走动。四周都是青山，月光皎洁如白露坠地，树枝也结上了冰霜，咏诵李白的《静夜思》，便觉得寒风清冷。准备睡觉却又起来在蒲团上打坐，从松树顶看月亮，烹茶以助谈兴，就这样快乐地度过了一夜。

评 析

寂静寒夜，难以入眠，先是在松竹下活动腿脚，吟咏诗歌，后来直接烹茶打坐，竟然也愉快地过了一晚，作者尽情享受这样的夜晚甚至都不觉得寒冷了，实在令人佩服！

26

四林皆雪，登眺时见絮起风中。千峰堆玉，鸦翻城角，万壑铺

银。无树飘花，片片绘子瞻之壁[①]；不妆散粉，点点糁[②]原宪之羹[③]。飞霰入林，回风折竹。徘徊凝览，以发奇思。画冒雪出云之势，呼松醪[④]茗饮之景。拥炉煨芋，欣然一饱。随作《雪景》一幅，以寄僧赏。

注 释

① 子瞻之壁：苏轼，字子瞻，用《念奴娇·赤壁怀古》中“卷起千堆雪”的典故。

② 糁（shēn）：谷类磨成的碎粒。

③ 原宪之羹：原宪，孔子的弟子，虽然贫穷，但安贫乐道。

④ 松醪（láo）：用松脂或松花酿的酒。

译 文

四周树林都是雪花，登高眺望时看到雪絮在风中飞舞。千峰如玉，乌鸦在城角翻飞，起伏的山峦都铺上了一层银色。没有花朵但树上飘着雪花，片片如同苏轼描绘的赤壁雪景；不用妆抹散粉，点点雪粒如原宪的藜羹之糁。飞散的雪粒飘入林中，回旋的风折断了竹子。徘徊其间，仔细凝视，以启发奇妙的想法。描绘飘雪冒出云彩的气势，呼人拿松酒、饮茶的情景。守着炉子烤芋头，高兴地吃饱了。随后作了一幅《雪景》，赠给僧人鉴赏。

评 析

雪花飞舞，如絮如绵，带来这银装素裹、冰清玉洁的世界，作者赏雪作画，拥炉煨芋，让寒冷的冬天有了别样的乐趣。

27

孤帆落照中，见青山映带，征鸿回渚，争栖竞啄，宿水鸣云，声凄夜月，秋飙萧瑟，听之黯然，遂使一夜西风，寒生露白。万山深处，一泓涧水，四周削壁，石磴崭岩，丛木蓊郁，老猿穴其中。古松屈曲，高拂云巅，鹤来时栖其顶。每晴初霜旦，林寒涧肃，高猿长啸，属引清风。风声鹤唳，嘹呖惊霜，闻之令人凄绝。

译文

孤帆笼罩在落日余晖中，与远处青山交相辉映，远飞的鸿雁回到了小洲上，争着寻找栖息之地，相互啄斗，在水上夜宿，在云中鸣叫，声音使得秋天的夜月更显凄凉，秋风萧瑟，使人黯然神伤，一夜西风之后，寒意顿生，白霜降临。万山深处，有一泓山涧泉水，四周峭壁如削，石阶险峻，树丛郁郁葱葱，有老猿居住在里面。古松弯弯曲曲，高入云端，仙鹤来的时候就落在上面。每当初晴霜落的早晨，林木寒冷，山涧萧肃，猿在高处长啸，引来清风。风声鹤唳，响亮凄清，惊动寒霜，听到后让人感觉无比凄凉。

评析

孤帆远影，鸿雁南飞，秋月寂寥，西风瑟瑟，白露为霜，猿啼哀鸣，生动地描绘了一片萧瑟凄绝的景象。

28

春雨初霁，园林如洗。开扉闲望，见绿畴麦浪层层，与湖头烟水相映带。一派苍翠之色，或从树杪[①]流来，或自溪边吐出。支筇[②]

散步，觉数十年尘土肺肠，俱为洗净。

注 释

① 杪（miǎo）：树枝的细梢。

② 筇（qióng）：一种竹。实心，节高，宜于做拐杖。

译 文

春雨过后，天气刚刚放晴，园林如同洗过一般。打开柴门，悠闲地向远处望去，看见碧绿的田野泛起层层麦浪，与湖边的水雾相映衬。一派苍翠之色，有的从树梢露出，有的从溪边吐出。拄着竹杖散步其中，觉得数十年被红尘沾染的肺肠，一下子都洗干净了。

评 析

冬去春来，一场春雨将园林洗净，也将凡尘杂念一洗而空，在这麦浪翻滚的春色中悠然散步，作者心情轻松而愉悦。

29

四月有新笋、新茶、新寒豆、新含桃，绿阴一片，黄鸟鸣数声。乍晴乍雨，不暖不寒，坐间非雅非俗，半醉半醒，尔时如从鹤背飞下耳。

译 文

四月有新笋、新茶、新鲜的豌豆和樱桃，到处绿树成荫，黄鸟在树林间鸣叫。时而晴天，时而下雨，不热也不冷，座间的宾客不雅不俗，处于半醉半醒之间，这时就像乘飞鹤从天上落下似的。

评 析

春季天气温暖舒适，有新鲜的美味，有清亮的鸟鸣，还有良友一起饮酒尽欢，烦恼早已抛到九霄云外，这样的生活再好不过了。

30

高堂客散，虚户风来，门不设关，帘钩欲下，横轩有狻猊[①]之鼎，隐几皆龙马[②]之文，流览霄端，寓观濠上[③]。

注 释

① 狻猊（suān ní）：中国古代神话传说中龙生九子之一。形如狮，喜烟好坐，所以形象一般出现在香炉上，随之吞烟吐雾。常出现在中国宫殿建筑、佛像、瓷器、香炉上。

② 龙马：传说中的龙头马身的神兽。

③ 濠上：庄子与惠施谈论鱼之乐的濠梁。

译 文

高堂之上，客人已经散去，风从虚掩着的门中吹进来，门上不设门闩，帘钩将要放下，门口摆放着刻有神兽狻猊的鼎，案几上隐约可见有龙马的纹饰，浏览着远处云端的风景，畅想当年濠水的风光。

评 析

友人散尽，独坐凄清。看云端风景，想濠水风光，是希望自己也能悠然闲适、逍遥自在。

31

山居有四法：树无行次，石无位置，屋无宏肆，心无机事。

译 文

隐居山中有四个法则：树木不按规律排列，石头没有固定位置，房屋没有宏大规模，心中没有机密要事。

评 析

既然选择隐居山中，就要抛却尘世纷扰，凡事不必刻意追求，一切顺应天性、顺应自然。

32

花有喜怒、寤寐、晓夕，浴花者得其候，乃为膏雨[①]。淡云薄日，夕阳佳月，花之晓也。狂号连雨，烈焰浓寒，花之夕也。檀唇[②]烘日，媚体藏风，花之喜也。晕酣神敛，烟色迷离，花之愁也。欹枝困槛，如不胜风，花之梦也。嫣然流盼，光华溢目，花之醒也。

注 释

① 膏雨：滋润作物的霖雨。

② 檀唇：形容女子的红唇，此处比喻红花。

译文

花有喜有怒、有醒有睡、有早有晚，选择合适的时间为它浇水，就能成为滋润作物的霖雨。淡云薄日、夕阳明月当空之时，正是花的早晨。狂风连雨、烈日浓寒之时，就是花的晚上。红色的花瓣迎着太阳，妖媚的枝叶迎着微风，这是花的欢喜。无光敛神，烟色朦胧，是花的忧愁。花枝倾斜被困在围栏里，好像弱不禁风，这是花在沉睡。妩媚如少女般嫣然而笑，光华耀眼，是花已经清醒。

评析

花有喜怒哀乐，也有睡梦清醒，在不同时刻展现不一样的光彩。花若有心，知道有人如此细心地刻画它，如此深入地了解它，想必会报之以嫣然一笑。

33

海山微茫而隐见，江山严厉而峭卓[①]，溪山窈窕而幽深，塞山童赪[②]而堆阜[③]，桂林之山绵衍庞博，江南之山峻峭巧丽。山之形色，不同如此。

注 释

① 峭卓：高峻陡直。

② 童赪（chēng）：不长草木的红土地。

③ 堆阜（fù）：土丘。

译 文

海上的山微茫而若隐若现，江岸的山严厉而高峻陡直，溪边的山青秀而幽深，塞外的山是光秃的红土山丘，桂林的山绵延雄伟，江南的山峻峭秀丽。山的形态和色彩，就是这般不同。

评 析

寥寥数语，描绘了不同山的风貌，形态不同，各具特色，各有迷人之处。就像这世间的人，个性各异，都有自己的特色和值得欣赏之处。

34

白云徘徊，终日不去，岩泉一支，潺湲斋中。春之昼，秋之夕，既清且幽，大得隐者之乐，惟恐一日移去。

译 文

白云犹豫徘徊，整日不肯离去，岩中有道清泉，缓缓流入斋中。春天的白昼和秋天的傍晚，既清新又幽静，隐居的人从中得到了极大的快乐，只害怕时光过得飞快。

评 析

春天的清新，秋天的幽静，固然美好而让人留恋，然而夏天和冬天也各有妙处。

35

与衲子辈坐林石上，谈因果说公案①。久之，松际月来，振衣而起，踏树影而归，此日便是虚度。

注 释

① 公案：佛教禅宗认为要用教理来解决疑难问题，比如官府判案，故称公案。

译 文

与和尚们坐在树林中的石头上，谈因果报应，说禅宗公案。时间长了，松林间月亮出来了，拍拍衣服站起来，踏着月下的树影回家，这一天算是虚度了。

评 析

与僧人谈因果、说公案，也许还不如去赏清风明月，才算没有虚度时光吧。

36

结庐人径，植杖山阿①。林壑地之所丰，烟霞性之所适。荫丹桂，藉白茅，浊酒一杯，清琴数弄，诚足乐也。

注 释

① 山阿：山脚下。

译 文

在路旁盖一间草庐，拄着木杖来到山脚下。大地的丰饶生成了林中谷地，烟霞随意飘荡在其间。在丹桂树荫下乘凉，沏上白茅茶，喝上一杯浊酒，抚弄几下琴弦，这真是让人感到十分快乐。

评 析

与其钦羡陶渊明的世外桃源，不如自己闲适身心。享受当下的快乐就是属于自己的“世外桃源”

37

辋水[①]沦涟，与月上下。寒山远火，明灭林外。深巷小犬，吠声如豹。村虚夜舂，复与疏钟相间。此时独坐，童仆静默。

注 释

① 辋（wǎng）水：即辋川，唐代诗人王维在此有别墅。后代指隐居之所。

译 文

辋水的涟漪起伏，与月亮一起上下波动。远处的山峰中有几处火光，在树林外或明或灭。深巷中的小狗，叫声像豹子一样。夜晚模糊的村落里传来舂米的声音，与寺院的钟声相呼应。这时我独自静坐，身旁的童仆也默不作声。

评析

夜深人静时，大自然的景象与人间的声音是那么与众不同，此时静静欣赏，并独坐思考，更能体察自己心灵的变化。

38

东风开柳眼，黄鸟骂桃奴[①]。

注释

① 桃奴：又称“桃枭”，指经冬不落的干桃。

译文

东风吹来，似乎吹醒了柳树而发芽抽丝，黄鸟在枝头骂那些经冬不落的干桃不能吃。

评析

春天到了，万物复苏，柳枝吐绿，黄鸟鸣叫，好一幅生机勃勃的画面！作者拟人的手法用得妙极了！

39

晴雪长松，开窗独坐，恍如身在冰壶[①]；斜阳芳草，携杖闲吟，信是人行图画。

注 释

① 冰壶：指月光。

译 文

大雪初晴，松树高大，打开窗户独自坐着，恍惚身在月光之下；夕阳西下，芳草青青，拄着木杖悠闲地吟诵诗句，相信是人在图画中行走。

评 析

境由心生，相信自己在画中行走，其实是心中认为所处之景甚美。

40

小窗下修篁[1]萧瑟，野鸟悲啼；峭壁间醉墨淋漓，山灵呵护。霜林之红树，秋水之白苹。

注 释

① 修篁（huáng）：修竹，长竹。

译 文

小窗下面修竹萧瑟，野鸟发出悲鸣；喝醉酒后，在悬崖峭壁间作一幅淋漓尽致的山水画，似是山灵在呵护。霜入林间染红了树叶，秋至水边吹白了浮萍。

评析

翠竹萧瑟，万叶变红，秋水白萍，让人忍不住拿出画笔尽情挥洒，留住这样美不胜收的秋景。

41

云收便悠然共游，雨滴便冷然俱清，鸟啼便欣然有会，花落便洒然有得。

译文

阴云散去便悠闲游赏，雨滴落下便觉冷然清静，鸟啼便也心生欢喜，花落便心中潇洒，似有所得。

评析

自然万物，变化万千，心与自然融为一体，便处处合心，心随景动，意趣无穷。

42

千竿修竹，周遭半亩方塘；一片白云，遮蔽五株柳垂。

译文

一片修竹丛林，周围是半亩水塘；一片白云，遮住了五株柳树。

评 析

隐士不可居无竹、居无柳，竹、柳既能挡住外界的纷扰，让人过清静的生活，也是效仿先贤立志归隐的表现。

43

几点飞鸦，归来绿树；一行征雁，界破春天。

译 文

几只乌鸦飞来，落在绿树上；一行大雁飞来，带来了春天。

评 析

大雁归来，乌鸦翻飞，带来了春天的气息，其中“界破”二字用得颇为巧妙。

44

清送素蛾[①]之环佩，逸移幽士之羽裳[②]。想思足慰于故人，清啸自纾于良夜。

注 释

① 素蛾：应作“素娥”，即月神嫦娥。

② 羽裳：羽衣。隐士、道士或神仙的衣服。

译 文

嫦娥的环佩发出的清响，隐士的衣袍散发的飘逸。远方的思念足以慰藉老朋友，在美好安静的夜晚发出清亮的啸声纾解心胸。

评析

在这宁静美好的的夜晚，忍不住清啸一声，来抒发心中的无限思念之情。

45

读书宜楼，其快有五：无剥啄之惊，一快也；可远眺，二快也；无湿气浸床，三快也；木末竹颠与鸟交语，四快也；云霞宿高檐，五快也。

译文

读书适宜在高楼上，其中有五种快乐：没有敲门声音的惊扰，这是第一种快乐；可以眺望远方，这是第二种快乐；没有潮气浸透床铺，这是第三种快乐；可以靠近树梢和竹尖与鸟对话，这是第四种快乐；云霞常停留在高高的屋檐上，这是第五种快乐。

评析

读书本就可以陶冶情操，有助于修身养性。古人慎重选择读书的地点，认为在楼上读书更为适宜，也伴随着高处的种种快乐雅趣。现代人需要学习古人，无论环境如何变化，多多读书，依然可以让心灵在这喧闹的世间沉静下来。

卷七 韵

人生斯世，不能读尽天下秘书灵籍。有目而昧[1]，有口而哑，有耳而聋，而面上三斗俗尘，何时扫去？则“韵”之一字，其世人对症之药乎？虽然，今世且有焚香啜茗，清凉在口，尘俗在心，俨然自附于韵，亦何异三家村[2]老妪？动口念阿弥，便云升天成佛也。集韵第七。

注 释

① 昧：目不明。

② 三家村：指偏僻的小乡村。

译 文

人生在世，不能把天下的书都读完，就好比有眼却不能遍赏美景，有口却不能发出精妙言论，有耳却不能欣赏世间妙乐，而脸上还有三斗厚的尘土，这样什么时候能够扫去呢？“韵”这个字是不是世人的对症之药呢？即使是这样，现在的人焚香品茶，口中虽清凉，心还是俗的，看似身上有了韵味，与偏僻山村里的那些张口就念“阿弥陀佛”、便说升天成佛的老妇又有什么不同呢？因此，编纂了第七卷“韵”。

评 析

高雅不是先天属性，源于后天培得的修养，但是不修心，多数人只是附庸风雅罢了。人们之所以要附庸风雅，其实不正是希望竭力摆脱身上的俗气吗？一个人人都希望摆脱俗气的社会，难道不正是一个文明优雅的社会吗？

01

多方分别，是非之窦易开；一味圆融，人我之见不立。

译 文

如果多方见解不同，是非就会解开；一味圆融的话，就会没有主见。

评 析

有争论就有多方角度，自然容易找到问题的关键，但不能为了平息纷争就失掉自己的立场。有时候，矛盾尖锐说明思想在碰撞，更容易产生智慧的火花。

02

春云宜山，夏云宜树，秋云宜水，冬云宜野。

译 文

春天的云应该飘荡在山上，夏天的云适宜飘落在树梢上，秋天的云应飘浮在水上，冬天的云应飘逸在田野里。

评 析

春夏秋冬四时之景皆不同，点缀上同样的云朵，变幻出不同季节的韵味，乐亦无穷也。

03

文房供具，借以快目适玩，铺叠如市，颇损雅趣。其点缀之注，罗罗清疏，方能得致。

译 文

书房中摆放着陈设器具，借此赏心悦目或者把玩一番，如果摆设得像集市一样拥挤凌乱，就特别影响雅致的情趣。它的点缀和摆设，简明清晰疏朗，才能得到其中的情致。

评 析

家里放置器具，不能太杂乱，点缀要精致明朗，才是真的有雅趣，否则就沦为庸俗不堪。

04

香令人幽，酒令人远，茶令人爽，琴令人寂，棋令人闲，剑令人侠，杖令人轻，麈令人雅，月令人清，竹令人冷，花令人韵，石令人隽，雪令人旷，僧令人淡，蒲团令人野，美人令人怜，山水令人奇，书史令人博，金石鼎彝令人古。

译文

焚香让人清幽，饮酒让人高远，品茶让人清爽，弹琴让人寂静，弈棋让人闲适，舞剑让人生侠气，拄杖让人轻松，拂尘让人雅致，明月让人清亮，竹林让人清冷，鲜花让人有韵致，奇石让人隽永，赏雪让人旷达，僧谈让人淡泊，蒲团让人野素，美人让人爱怜，山水让人称奇，史书让人广博，金石鼎彝让人古雅。

评析

寻常所见的人、事、物却能得出这么多体会和快乐，以上“十九令”道尽古人之雅兴、文人之情趣。

05

吾斋之中，不尚虚礼，凡入此斋，均为知己。随分款留，忘形笑语；不言是非，不侈荣利；闲谈古今，静玩山水；清茶好酒，以适幽趣。臭味之交，如斯而已。

译文

我的书斋中，不爱虚礼，只要进入书斋的都是知己。随便去留，开怀说笑；不说是非，不羡慕声名利禄；闲谈古今，把玩山水；清茶好酒，以适情趣。只不过是志趣相投的人，大家的品味一致罢了。

评 析

知己间的乐趣，主要来自无拘无束的外在相处，才能产生心灵共鸣。小小书斋，有友情，有亲睦，有闲暇，有自在敞开的心扉，有任意自得的忘形，实在是人生幸事。

06

窗宜竹雨声，亭宜松风声，几宜洗砚声，榻宜翻书声；月宜琴声，雪宜茶声，春宜筝声，秋宜笛声，夜宜砧声。

译 文

在窗边适宜听竹雨的声音，在亭子里适宜听松涛的声音，在案几旁适宜听洗砚台的声音，在床榻上适宜听翻书的声音；赏月适宜听弹琴的声音，赏雪适宜听品茶的声音，春天适宜听古筝的声音，秋天适宜听竹笛的声音，夜晚适宜听洗衣捶石的声音。

评 析

自然界的声音千变万化，日常生活中的声音丰富多彩，这些声音使安静的世界变得生机勃勃，可感可亲。

07

翻经如壁观僧，饮酒如醉道士，横琴如黄葛野人[①]，肃客[②]如碧桃渔父[③]。

注 释

① 黄葛野人：隐逸之人多戴黄冠穿草履，故称黄葛野人。

② 肃客：迎进客人。

③ 碧桃渔父：出自《桃花源记》："晋太元中，武陵人捕鱼为业。缘溪行，忘路之远近。忽逢桃花林，夹岸数百步，中无杂树，芳草鲜美，落英缤纷，渔人甚异之。"碧桃，一种供观赏的桃树，只开花不结果。

译 文

翻阅佛经时要像面壁而坐的和尚一样聚精会神，喝酒时就要像醉道士一样放浪不羁，弹琴时就要像身穿黄葛麻衣的隐士一样超凡飘逸，迎进客人就像武陵渔夫一样热情周到。

评 析

做任何事情都要有模有样，认真去做，用心去体会，才能有所得。

08

竹径款扉[1]，柳阴班席，每当雄才之处，明月停辉，浮云驻影，退而与诸髦俊[2]西湖靓媚。赖此英雄，一洗粉泽。

注 释

① 款扉：款，叩。敲门。

② 髦（máo）俊：才智杰出之士。

译 文

沿着竹林小路轻叩门扉，在柳树下按次序坐下来。每当有英雄才俊到来，明月的光辉似乎停住了，浮云也不再飘动，和各位英雄豪杰泛舟西湖，欣赏明媚的春光。西湖也因为英雄豪杰的到来，一洗脂粉气。

评 析

英雄豪杰大概自带某种气场，出现便是人群中的焦点，月辉云影为之驻足，连西湖也随着他们的到来洗去了脂粉味。

09

云林[①]性嗜茶，在惠山中，用核桃、松籽肉和白糖，成小块，如石子，置茶中，出以啖[②]客，名曰“清泉白石”。

注 释

① 云林：元代画家倪瓒，字元镇，号云林子、荆蛮民等。常州无锡人。

② 啖（dàn）：吃。

译 文

倪瓒非常喜欢喝茶，在惠山中，他用核桃仁、松籽仁和白糖做成小块，如同小石子一样，放入茶中，煮好后请宾客品尝，并命名为“清泉白石”。

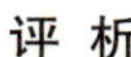

评 析

倪瓒即便生活在山林之中，也要利用山货制造精致的茶食，这种于点滴小事上的闲情逸致，充分享受生活的乐趣，让生活充满韵味和生机的做法值得效仿。

10

有花皆刺眼，无月便攒眉，当场得无妒我；花归三寸管，月代五更灯，此事何可语人？

译 文

有花就高兴，无月就忧伤，当场不要妒忌我；花事由三寸之舌品评，月光可以代替五更的灯光，这种妙事怎么能告诉别人呢？

评 析

花前月下，享受这一刻的清寂，这一刻的月光和花开，这种隐秘的喜悦谁人能懂，也无须让人羡慕了。

11

填不满贪海，攻不破疑城。

译 文

贪欲之海永远也填不满，怀疑之城永远也攻不破。

评 析

贪念一旦产生，便无穷无尽，永远也无法满足；而人与人之间一旦有了怀疑的种子，就能迅速生根发芽、野蛮生长，人心是最不能控制的。

12

机息便有月到风来，不必苦海人世；心远自无车尘马迹，何须痼疾丘山。

译 文

停止阴谋诡计之心，便会有月光普照，清风自来，人世就不是苦海；心灵远离尘世，自然就没有车尘马迹的喧嚣，何必隐居山林。

评 析

明月清风随时都有，关键是要有一颗放下俗事的闲心去欣赏。如果心灵已经超脱尘世，不管身在何处，都可以过上悠然自得的生活，不一定要隐居山林。

13

看书筑得村楼，空山曲抱。趺坐扫来，花径乱水斜穿。

译 文

安静读书，要在修建的乡村小楼，让青翠的山峦环绕四周；盘

腿打坐，要在打扫干净的花园小径，四周有溪水环绕。

评析

青山曲抱间静心读书，花丛夹道上参禅打坐，如此方为闲人韵事。

14

倦时呼鹤舞，醉后倩僧[①]扶。

注释

① 倩僧：请求和尚。

译文

疲倦时呼唤仙鹤翩翩起舞，醉后请求僧人搀扶着走路。

评析

作者隐居山中以仙鹤为友，与喜欢探讨园艺的和尚为伴。仙鹤向来亲君子，和尚扶得醉人归，其乐融融，此情此景入词，高人韵士形象活灵活现。

15

瘦影疏而漏月，香阴气而堕风。

译文

瘦竹萧疏而漏下月影，花丛香气氤氲而随风飘散。

评析

瘦竹稀疏，漏下点点月色，花香氤氲，随风四散开来，一“漏”一“堕”，妙哉！

16

修竹到门云里寺，流泉入袖水中人。

译文

修竹掩映在云雾缥缈的寺庙门前，泉水流进了水中人影的袖中。

评析

语出明代王稚登的《雨中同诸君游东钱湖》，此诗句别出心裁，堪称佳句。

17

流水有方能出世，名山如药可轻身。

译文

流水是一剂良方，能让人超凡脱俗；名山如一味奇药，能让人身强体健。

评 析

“智者乐水，仁者乐山。”身处大自然的山水之中，经过长途跋涉，既锻炼了身体，又欣赏到美丽的山水风光，自然身心愉悦、烦恼自去、超凡脱俗。

18

与梅同瘦，与竹同清，与柳同眠，与桃李同笑，居然花里神仙；与莺同声，与燕同语，与鹤同唳，与鹦鹉同言，如此话中知己。

译 文

和梅花一样清瘦，和竹子一样清雅，和柳树一样安眠，和桃李花一样欢笑，好像是住在花国里的神仙；和黄莺一起歌唱，和燕子一起私语，和鹤一起鸣叫，和鹦鹉一起说话，这才是谈话中的知己。

评 析

与自然融为一体，向梅兰竹菊学习，与花鸟鱼虫交谈，让生活丰富多彩、生机勃勃，才能尽情享受大自然的美好。

19

草色遍溪桥，醉得蜻蜓春翅软；花风通驿路，迷来蝴蝶晓魂香。

译 文

溪畔桥边长满了绿油油的小草，醉得蜻蜓的翅膀都变得柔软了；驿路上满是清风吹来的花香，迷来蝴蝶的魂魄都变得香了。

评 析

草色青青，花香四溢，蜻蜓和蝴蝶都陶醉其中，这样的大好春光，怎可辜负?

20

春光浓似酒，花故醉人；夜色澄如水，月来洗浴。

译 文

春光浓郁似陈酒，所以花香让人沉醉；夜色澄清如同流水，月光可以用来洗浴。

评 析

春有百花飘香，夜有皎洁明月。如此美景，怎能不让人沉醉?

21

人语亦语，诋其昧于钳口；人默亦默，訾其短于雌黄。

译 文

别人说话也跟着说话，别人会诋毁他不能守住口风；别人沉默也跟着沉默，别人会讥讽他没有主见。

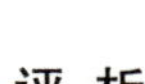

评 析

“良言一句三冬暖，恶语伤人六月寒。”很多时候祸从口出，因此说话要谨慎；而该发表主见的时候，也要适当表现自己，不能随波逐流。

22

篇诗斗酒，何殊太白之丹丘[①]？扣舷吹箫，好继东坡之赤壁。获佳文易，获文友难。获文友易，获文姬难。

注 释

① 丹丘：此处指李白的《元丹丘歌》。丹丘，李白的朋友元丹丘。

译 文

吟诵诗篇，畅饮斗酒，和李白笔下的《元丹丘歌》有何不同？叩响船舷，吹箫相和，好续写苏东坡的《赤壁赋》。得到好的文章容易，得到文友不易。得到文友容易，得到红颜知己很难。

评析

能一起饮酒作诗的朋友容易获得，但是像李白、东坡那样能“斗酒诗篇”的文豪实在太少了，能与他们成为朋友，实在是三生有幸。

23

茶中着料，碗中着果，譬如玉貌加脂，蛾眉着黛，翻累本色。煎茶非漫浪，要须人品与茶相得，故其法往往传于高流隐逸，有烟霞泉石磊落胸次者。

译文

在茶中放佐料，在碗中放茶果，就好像在原本美貌的脸上涂上脂粉，在秀眉上涂了青黛，反而有损于本来面貌。烹煮茗茶不是随便的事，必须人品和茶品相宜，所以煎茶的方法往往流传于高雅的隐士和仙风道骨、心胸宽广的人之间。

评析

中国自古以来，就流传着丰富的茶文化。饮茶有道，茶道的最高境界就是“人品与茶相得”，人品即是茶品。

24

天然文锦，浪吹花港之鱼；自在笙簧，风戛园林之竹。

译文

浪花吹打着西湖花港的鱼，就像自然生成的文锦图案；风吹过

园林里的竹子，就像自然吹响的笙箫乐曲。

评 析

自然万物皆有其美，要有发现美的眼睛和热爱生活的情趣，才懂得欣赏浪花的波纹和风吹竹林的美妙。

25

高士流连花木，添清疏之致；幽人剥啄[①]莓苔，生黯淡之光。

注 释

① 剥啄：敲打。

译 文

高士流连于花木之间，使花草树木增添了一分清新雅致；隐士用竹杖敲打莓苔，使它们生出晦黯的光泽。

评 析

人留影，风留声，万事万物只要存在过，就有痕迹可寻，要向高人雅士学习，带给周遭环境一种美的体验。

26

松涧边携杖独往，立处云生破衲。竹窗下枕书高卧，觉时月侵寒毡。

译 文

独自拄杖在松林涧边行走，站立的地方云气升腾穿透衣袖。竹窗下枕在经书上酣睡，醒来时月光的清冷之气已经侵入毛毡。

评 析

清晨独自在山中行走，任凭云气席卷衣袖；夜晚窗下枕书酣睡，不知不觉月光已经洒满屋内，这样的生活即使独自一人，“吾心安处是吾乡”。

27

怪石为实友，名琴为和友，好书为益友，奇画为观友，法帖为范友，良砚为砺友，宝镜为明友，净几为方友，古磁为虚友，旧炉为熏友，纸帐为素友，拂尘为静友。

译 文

怪石是朴实的朋友，名琴是和乐的朋友，好书是有益的朋友，奇画是观赏的朋友，字帖是规范的朋友，好砚是可以砥砺的朋友，镜子是明智的朋友，茶几是方正的朋友，古瓷是清虚的朋友，旧炉是熏烟的朋友，纸帐是素雅的朋友，拂尘是清静的朋友。

评 析

君子“吾日三省吾身”，以身边易见之物为友为伴，常思观省、砥砺自我。

28

扫径迎清风，登台邀明月。琴觞之余，间以歌咏。止许鸟语花香，来吾几榻耳。

译文

打扫小路迎接徐徐清风，登上高台邀请皎洁明月。弹琴喝酒之余，伴以歌唱吟咏。只允许鸟语花香，来到我的几案和床榻。

评析

清风拂面邀明月，飞鸟徐来留花香，或琴觞，或歌咏，天地间的美好之物都在为我助兴，只许鸟语花香入榻来，不惹尘俗烦事。

29

纸帐梅花，休惊他三春清梦；笔床茶灶，可了我半日浮生。酒浇清苦月，诗慰寂寥花。

译 文

纸做的帐子，盛开的梅花，不要惊醒三春清梦；放笔的架子，烹茶的小灶，可以度过半日悠闲。借酒浇愁可解对月的清苦，吟诗作赋慰藉花的寂寞。

评 析

“偷得浮生半日闲”，在日常忙碌之余，读读书，品品茶，也算是没有辜负大好时光。

30

好梦乍回，沉心未烬，风雨如晦，竹响入床，此时兴复不浅。

译 文

美梦刚醒，沉下的心还未恢复，屋外风雨交加，天色昏暗好像夜晚一样，竹林的响声传进屋内，此时的兴致十分高昂。

评 析

被风雨惊醒美梦，却因为心中有着对美好的向往，即便在狂风暴雨的天气里，依然大有兴致。

31

山非高峻不佳，不远城市不佳，不近林木不佳，无流泉不佳，无寺观不佳，无云雾不佳，无樵牧不佳。

译 文

山不高大险峻不好，不远离城市不好，不接近树林不好，没有清泉流水不好，没有寺庙不好，没有云雾不好，没有樵夫牧童不好。

评 析

选择隐居的山林，要符合各方面条件，既要远离城市，有树木清泉、云雾缭绕的自然之美，又要有寺庙、樵夫和牧童的人文之情。

32

一室十圭[①]，寒蛩声暗。折脚铛边，敲石无火。水月在轩，灯魂未灭。揽衣独坐，如游皇古[②]意思。

注 释

① 一室十圭（guī）：指室内空间极小。圭，古代容量单位（一升的十万分之一）。

② 皇古：上古时代。

译 文

在一间极其窄小的房屋中，寒秋的蟋蟀声音喑哑。在折脚的茶铛边，敲火石却生不出火来。明月倒映在栏杆下的水上，烛火熄灭灯花还在。披着衣服独自静坐，神思仿佛在游历上古世界一样。

评 析

作者心中自有乾坤，只要天上一轮明月还在，环境再窘迫也无法移其心志，仍可发出兴游皇古之叹。

33

花枝送客蛙催鼓，竹籁喧林鸟报更，可谓山史实录。

译 文

花儿举着枝条送别来客，蛙声听起来如同敲鼓；竹子的声响在树林中喧哗，鸟鸣好像在报更，这可以说是真实记录了山的历史。

评 析

寥寥数字，生动形象地写出了山林中的热闹场景，连花枝、竹林都有了生机，更别说蛙声鸟鸣。

34

峰峦窈窕，一拳便是名山。花竹扶疏，半亩如同金谷。

译 文

峰峦十分秀美，哪怕只有拳头大小也是一座名山。花影竹影斑驳稀疏，哪怕只有半亩也可与以奢华闻名的金谷园相比。

评 析

“山不在高，有仙则名。”一拳之山，如果有高人雅士居住，想

必也可以说是名山了。

35

观山水亦如读书，随其见趣高下。

译文

观赏山水也像读书一样，随着人的见识和趣味可以分出高低上下。

评析

禅宗有人生三大境界：第一，看山是山，看水是水；第二，看山不是山，看水不是水；第三，看山还是山，看水还是水。无论读书还是观赏山水，此法都是适用的。人的见识越广，意趣越高，达到的境界自然越高。

36

深山高居，炉香不可缺。取老松柏之根枝实叶共捣治之，研风昉[①]羼[②]和之。每焚一丸，亦足助清苦。

注释

① 风昉：指防风，中药名。

② 羼（chàn）：掺杂。

译 文

隐居在深山里，炉和香都不可缺少。取老松柏树的根、枝、果实、树叶一起捣碎，研磨防风掺杂其中调和而成。每次点燃一丸，也足以助人清心苦行。

评 析

作者虽然隐居山中清苦，但善于就地取材，前面学倪瓒制茶果，此时自己也能制香，生活有巧思，自然有滋有味。

37

白日羲皇世，青山绮皓[①]心。

注 释

① 绮皓：即汉代隐士“商山四皓”：东园公唐秉、夏黄公崔广、绮里季吴实、角（lù）里先生周术。后来用“商山四皓”泛指有

名望的隐士。

译 文

阳光明媚，就像上古伏羲时的清闲世界；山清水秀，就像汉初商山四皓那样的超凡脱俗之心。

评 析

对于清闲和超俗生活的向往，在古代实现起来也许还比较容易，而生活在现代的人们，想要效仿先贤超凡脱俗恐怕更难了。但是，我们依然可以忙里偷闲，给自己一点时间享受美好的时光。

38

松声，涧声，山禽声，夜虫声，鹤声，琴声，棋子落声，雨滴阶声，雪洒窗声，煎茶声，皆声之至清，而读书声为最。

译 文

松涛声，涧水声，山禽声，夜虫声，鹤叫声，弹琴声，棋子落盘声，雨打台阶声，雪洒窗户声，煎茶声，都是极其清幽的声音，而读书的声音是最为清幽的。

评 析

万物之声俱清，然而读书启人智慧，所以琅琅读书声最为清幽，令人思之心旌摇曳。

39

何必丝与竹，山水有清音。

译 文

没必要有丝竹乐器的声音，山水之间自然有清丽的声音。

评 析

丝竹之声代表着富贵和庸俗，山水之音则代表着清高和雅趣，两者之别，高下立判。

40

世路中人，或图功名，或治生产，尽自正经。争奈天地间好风月、好山水、好书籍，了不相涉，岂非枉却一生？

译 文

尘世中的人，有的贪图功名，有的忙于生计，都认为在做正经的事。但对天地间的好风月、好山水、好书籍，却从来不去涉猎，难道不是白白活了一生？

评 析

如果人既能获得功名利禄，在世间谋求生存，又能懂得欣赏好山好水好风光，又有时间读书来修身养性，才是真的不枉此生啊！

卷八　奇

我辈寂处窗下，视一切人世，俱若蠛蠓[1]婴愧，不堪寓目。而有一奇文怪说，目数行下，便狂呼叫绝，令人喜，令人怒，更令人悲。低徊数过，床头短剑亦呜呜作龙虎吟，便觉人世一切不平，俱付烟水。集奇第八。

注 释

① 蠛蠓（miè měng）：一种小飞虫。

译 文

我们静坐在窗下，冷眼看人世间的世态炎凉，全都像小飞虫一样不堪入目。然而有一段奇文怪说，只要一目数行地看下来，便会拍案叫绝，既令人狂喜、令人愤怒，更有令人悲愤之处。经过数次回味后，便觉得挂在床头的短剑发出如同虎啸龙吟的声音，让人觉得人世间一切不平之事，都像过眼云烟一样消散了。因此，编纂了第八卷“奇”。

评 析

阅读，能陶冶人的情操，就在于人们既看得清世态炎凉，又能怀着一颗赤子之心，读上一篇振聋发聩的好文章，感受到人间大爱，四季之美。

01

吕圣功[①]之不问朝士名，张师亮[②]之不发窃器奴，韩稚圭[③]之不易持烛兵，不独雅量过人，正是用世高手。

注 释

① 吕圣公：吕蒙正，字圣功，北宋初年宰相。因为他在很年轻时就出任参知政事，曾经被一朝士讥笑，同僚要追查，吕圣公制止，说："若知其名，必记于心，不如不知。"

② 张师亮：张齐贤，字师亮，北宋时期人。一日家宴，一奴窃数银器于怀，张齐贤熟视不语。后来，张齐贤做宰相后，才把那名窃器奴打发走。

③ 韩稚圭：韩琦，字稚圭，北宋政治家，为相十载、辅佐三朝。韩琦在夜晚读书，一个士兵持烛在旁边，不经意间烧到韩琦的胡须，韩用袖子把火挥灭，没有因此更换此人。

译 文

吕圣功不追问曾讥笑过他的朝士的名字，张师亮不揭发偷窃器物的奴才，韩稚圭没有替换举蜡烛烧掉他胡须的士兵，他们三人不仅气量过人，而且是知人善任的治世高人。

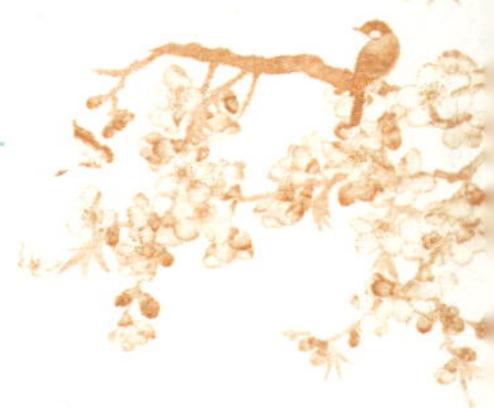

评 析

宽宏大量的人，必然心胸格局也非常人，所以能成就非凡，并导人向善。

02

佞佛若可忏罪，则刑官无权；寻仙若可延年，则上帝无主。达士尽其在我，至诚贵于自然。

译 文

如果沉迷于佛教就能忏悔罪过的话，那么掌管刑罚的官吏就没什么事可做了；如果寻仙问道能使人延年益寿的话，那么上帝就可有可无了。通达的人都重视自我修养，至诚之心重在顺应自然。

评 析

佛教可以让人内心安宁，却不能消弭人犯的罪过；寻仙问道并不能延年益寿，人终有一死。人们只能做好自己，好好做人，好好做事，这样虔诚的心意必须顺其自然，才能万事通达。

03

以货财害子孙，不必操戈入室；以学术杀后世，有如按剑伏兵。

译 文

把钱财留给子孙其实是害了子孙，不必操戈入室，却同样残酷；把错误的学术留给后世就是贻误后代，就像按剑伏兵一样危险。

评析

欲做学问，先学做人。留给子孙最好的财富，其实就是父辈的榜样力量；学术需要严谨，不仅对自己负责，也是为后世造福。

04

君子不傲人以不如，不疑人以不肖。

译文

君子不会因为别人的短处来作为自己骄傲的资本，也不会因为别人品行不好就不信任别人。

评析

君子胸怀坦荡，风光霁月，不会拿别人的短处与自己的长处相比，使自己骄傲自大，也不会给品行不好的人轻易下结论，不信任他人。

05

读诸葛武侯《出师表》而不堕泪者，其人必不忠；读韩退之[①]《祭十二郎文》而不堕泪者，其人必不友。

注释

① 韩退之：即韩愈。

译 文

读了诸葛亮的《出师表》却没有落泪的人，一定不忠诚；读了韩愈的《祭十二郎文》却没有落泪的人，一定不能做朋友。

评 析

文章往往是作者抒发情怀、表达深情厚谊的载体，看文的人也能深深触动，毕竟人同此心、心同此理。因此，如此煽情的千古佳作却不能使读者产生共鸣，只能是此人冷心寡情。

06

世味非不浓艳，可以淡然处之，独天下之伟人与奇物，幸一见之，自不觉魄动心惊。

译 文

人情世味尽管浓重艳丽，我们也可以淡然处之。唯独天下的伟人和奇异的事物，若能有幸见到的话，便不自觉心生惊心动魄的喜悦之情。

评 析

凡尘俗世没什么好眷恋的，但是人生在世，还是希望能多见识一些奇人异事，方不负此生。

07

道上红尘，江中白浪，饶[①]他南面百城[②]；花间明月，松下凉风，输我北窗一枕[③]。

注释

① 饶：与下句的“输”同义。指不如，比不上。

② 南面百城：这里指统治一方，地位尊贵富有。

③ 北窗一枕：典出陶渊明《与子俨等疏》：“常言五六月中，北窗下卧，遇凉风暂至，自谓是羲皇上人。”喻指高卧林泉，闲适自在逍遥。

译文

路上滚滚红尘，江中层层白浪，远比坐拥百城来得尊贵；花间有明月朗照，松下有凉风袭来，没有我北窗下安枕的逍遥自在。

评析

割舍人世间的滚滚红尘，隐居在一片山林之中，找一片心灵栖息之所，与书为伴，与自然为伴，醒了就读书，累了就睡觉，才是真正逍遥自在的高人。

08

立言亦何容易？必有包天、包地、包千古、包来今之识；必有惊天、惊地、惊千古，惊来今之才；必有破天、破地、破千古，破来今之胆。

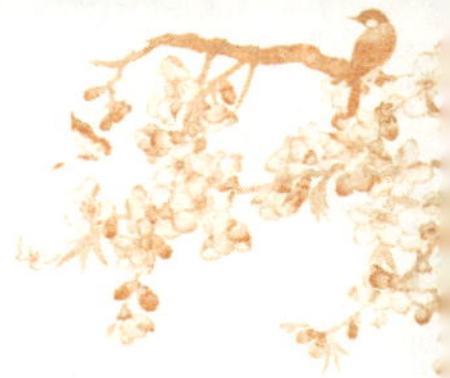

译 文

著书立说哪有那么容易？必须有通晓天地、通晓千古历史、通晓未来的见识；必须有惊动天地、惊动千古历史、惊动未来的才华；必须有窥破天地、窥破千古之史、窥破未来的胆略。

评 析

人必须兼具超凡的见识、才华和胆量，才能够写出流传千古的作品。

09

圣贤为骨，英雄为胆，日月为目，霹雳为舌。

译 文

把圣贤遗风作为自己的风骨，把英雄胆略作为自己的胆魄，把日月光华作为自己的眼睛，把雷霆霹雳作为自己的口舌。

评 析

如能真正效仿先贤的精神，匹配英雄的豪胆，拥有世事洞察的眼光、风光霁月的心胸，动则雷霆般的言行果决，人人皆能成圣贤，则天下太平也。

10

瀑布天落，其喷也珠，其泻也练，其响也琴。

译 文

瀑布从天而落，喷出的水珠像润泽的珍珠，奔泻之势像一匹白练，发出的声响像悠扬的琴声。

评 析

瀑布乃人间美景之一，气势如虹，惊心动魄，值得一观。

11

平易近人，会见神仙济度；瞒心昧己，便有邪祟出来。

译 文

如果对人和蔼可亲，自然就能得到神仙的帮助和引导；如果昧着良心，自欺欺人，那么就会有邪恶鬼怪找上门来。

评 析

你怎么对待别人，别人就会怎么对待你。即便没有鬼神，天地间也自有公道，善有善报，恶有恶报。因此，人们都应该宽以待人、严于律己。

12

诗书乃圣贤之供案[①]，妻妾乃屋漏[②]之史官。

注 释

① 供案：摆设祭品的几案。

② 屋漏：房屋的西北角。古人通常把床放在房屋北边，在西北角开有天窗，阳光由此照到屋内，所以称为屋漏。

译 文

诗书是祭祀圣贤摆设的几案，而妻妾就像记载家中琐事的史官。

评 析

圣贤已经超凡脱俗，只有诗书典籍才配得上祭祀品；妻妾是家中最亲近的人，男主人的言谈举止都看在眼里，有如史官一样尽心尽责。

13

强项者未必为穷之路，屈膝者未必为通之媒。故铜头铁面，君子落得做个君子；奴颜婢膝，小人枉自做了小人。

译 文

刚正不屈的人不一定就会走向穷途末路，卑躬屈膝求得荣华的人不一定仕途顺畅。因此，铁面无私、刚直不阿的君子，无论境遇如何最终仍是正人君子，而奴颜婢膝的小人，终究也是枉自做了小人。

评 析

奴颜婢膝，毫无尊严乞求富贵地活着，富贵只是一时，徒留一世骂名；君子刚正不阿，就算一时不顺，也自有天佑人佑，留下一世清名，千古流传。怎样权衡，全看个人选择。

14

一世穷根，种在一捻傲骨；千古笑端，伏于几个残牙。

译文

一生穷困的根源，只是因为有一把傲骨；千古流传的笑柄，都埋伏在几个人的老牙之下。

评析

生有傲骨，能痛快地随心意活着，即使一生贫困，自能安贫乐道；老掉牙的笑话能流传千古，全因平庸无聊人的多嘴多舌，这些人一生也不会幸福。

15

一段世情，全凭冷眼觑破；几番幽趣，半从热肠换来。

译文

世间人情冷暖，都靠冷静的眼光看破；几许幽深趣味，大多需要用古道热肠才能换来。

评析

生而为人，生活不易。既要学会用冷眼看透人生百态、人情冷暖，

又要学会在平凡的生活中，拥有积极的心态，才能体会到人生的趣味和温暖。

16

舌头无骨，得言句之总持[①]；眼里有筋，具游戏之三昧[②]。

注 释

① 总持：总管。

② 三昧：真谛。

译 文

舌头柔软无骨，却成为言语的总管；眼睛有神，能看破人间游戏的真谛。

评 析

祸从口出，所以要控制自己的舌头保持沉默，避免不必要的祸害。眼睛看到的都是一样的，但有的人却能洞察世事，看透人生，这本是心灵的智慧。

17

群居闭口，独坐防心。

译 文

很多人在一起时，要闭上嘴，少说话；独自一个人时，要防止自己心乱。

评 析

群居和独处都有需要注意之处：群居时切忌乱说话，独处时切忌胡思乱想。

18

当场傀儡[①]，还我为之；大地众生，任渠[②]笑骂。

注 释

① 傀儡：木偶。

② 渠：他，他们。

译 文

逢场作戏，我自然会尽力而为；世间众生，就随便他们嬉笑怒骂好了。

评 析

自己做的事情，只有自己明白。走自己的路，任凭别人笑骂，都不予理睬。

19

三徙成名[①]，笑范蠡碌碌浮生，纵扁舟，忘却五湖风月。一朝解绶[②]，羡渊明飘飘遗世，命巾车[③]，归来满室琴书。

注 释

① 三徙成名：《史记》中记载："范蠡三徙，成名于天下。"指春秋时越国大夫范蠡三次迁徙而成名。他救国抗吴，施展了军政谋略；去越辞官，显示了人生智慧；经商致富，体现了经营才华。

② 一朝解绶：辞官，解甲归田。

③ 巾车：有帘布的车。

译 文

范蠡三次迁徙而成名，可笑他一生忙碌，乘坐小船离去不知所终，没能享受到五湖的风月。陶渊明解甲归田，羡慕他过着飘然忘世的神仙般的生活，命车返回家乡，只带了满屋子的琴和书。

评 析

范蠡一生功成名就，享尽荣华富贵，而陶渊明回归田园，穷困潦倒，与书为伴，写下流传百世的诗篇。人生如何度过，全看自己的选择。

20

人生不得行胸怀，虽寿百岁，犹夭[①]也。

注释

① 夭：年少而亡。

译文

如果人生不能得志，即便长命百岁，也像夭折一样。

评析

人不仅要活着，还要活出自己的价值来，才算不白活一场。

21

棋能避世，睡能忘世。棋类耦耕之沮溺[①]，去一不可；睡同御风之列子[②]，独往独来。

注释

① 耦（ǒu）耕之沮溺（jǔ nì）：语出《论语·微子》："长沮、桀溺耦而耕，孔子过之，使子路问津焉。"后借指避世隐士。耦，两人并肩耕作。

② 御风之列子：语出《庄子·逍遥游》："夫列子御风而行，泠然善也。"列子，名御寇，战国前期思想家，郑国人。思想上崇尚虚无缥缈，生前被称作"有道之士"。

译文

下棋能躲避人世间的纷扰，睡觉能忘掉人世间的纷乱。下棋就像并肩耕作的长沮、桀溺一样，缺一个人就不行了；而睡觉就像御

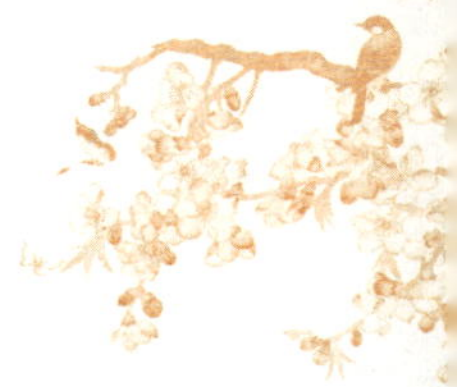

风而行的列子，可以一个人独来独往。

评 析

人们必须学会自得其乐的享受、与友人一起游戏获得快乐的两种情趣，这样人生就圆满了。

22

一勺水，便具四海之味，世法不必尽尝；千江月，总是一轮月光，心珠宜当独朗。

译 文

一勺水，就具备水的所有味道，所以行世之法没必要全都去尝试一遍；无数江流中的月亮，都是同一轮明月所照，所以人心应当纯洁如珠，如同独月朗照。

评 析

保持心性的纯洁，永远有一颗赤子之心，才能看得清、放得下，活得潇洒。

23

面上扫开十层甲，眉目才无可憎；胸中涤去数斗尘，语言方觉有味。

译 文

去掉脸上层层的假面具，眉眼才不会让人看着讨厌；洗掉心中的许多尘土，说出的语言才觉得有味道。

评 析

唐韩愈《送穷文》：“凡所以使吾面目可憎；语言无味者；皆子之志也。”面貌呈现了心胸，语言可见智慧。

24

愁非一种，春愁则天愁地愁；怨有千般，闺怨则人怨鬼怨。天懒云沉，雨昏花蹙，法界岂少愁云；石颓山瘦，水枯木落，大地觉多窘况。

译 文

忧愁并非只有一种，如果是春愁，那么天愁地也愁；怨恨有千种百种，而闺中之怨则重于人怨鬼怨。天慵懒云就会跟着低沉，阴雨昏乱时，花好像也皱起了眉头，难道宇宙间就能少了愁云？山石颓败，山峰瘦峻，泉水干枯，树木凋落，大地呈现更多的窘迫之状。

评 析

“人有悲欢离合，月有阴晴圆缺，此事古难全。”天地万物，也有人的各种苦痛，这是自然发展规律，人们应该淡然处之。

25

俗气入骨，即吞刀刮肠，饮灰洗胃，觉俗态之益呈。正气效灵，即刀锯在前，鼎镬[①]具后，见英风之益露。

注 释

① 鼎镬（huò）：古代煮物器具。此指酷刑。

译 文

媚俗之气深入骨髓，即使吞下刀子刮肠，喝灰洗胃，还是觉得神态更加俗气。如果心中有浩然正气，即使是刀锯在前，鼎镬在后，反而会使英雄气概更加显露。

评 析

“艰难困苦，玉汝于成。”越是艰难困苦之境，越能显露出人之真心与本色。

26

于琴得道机，于棋得兵机，于卦得神机，于兰得仙机。

译 文

在琴声中，我们可以悟到自然的奥秘；在下棋中，我们可以领悟兵法战略；在占卜中，我们可以得到神的谕示；在兰花中，我们可以悟到成仙的真谛。

评 析

四机中犹能见乾坤，有心人则处处可得道。

27

相禅[①]遐思唐虞[②]，战争大笑楚汉。梦中蕉鹿[③]犹真，觉后莼鲈[④]亦幻。

注 释

① 相禅：禅让。

② 唐虞：尧舜。

③ 蕉鹿：《列子》中有个故事，有一个人将一只鹿打死后，藏在一个地方，用蕉叶盖上。后来去取时，却忘了藏在哪里。比喻把真事看成梦幻的消极想法。

④ 莼鲈（chún lú）：比喻思乡之情，或表示归隐之志。

译 文

遥想尧舜禅让的美好品德，大笑楚汉战争的功过。睡梦中的蕉鹿之事觉得更加真实，而醒后的莼鲈美味却像梦幻一般。

评 析

战争让亲人流离失所，家乡像梦幻般遥远。

28

世界极于大千，不知大千之外更有何物？天宫极于非想[1]，不知非想之外毕竟何穷？

注 释

① 非想：佛家语，即非想非非想处天，三界最高天。此天没有欲望与物质，仅有微细的思想。

译 文

世界极大于大千世界，在这广大无边的世界之外，不知道还有什么东西？天宫极高于非想非非想处天，而在这最高天之外，还有多少我们不知道的无穷景物。

评 析

宇宙苍茫，无边无际，人类对其有着无穷的想象，也进行着无止境的探索。

29

千载奇逢，无如好书良友；一生清福，只在茗碗炉烟。

译 文

千载难逢的奇事，比不上有好书、益友相伴，而一生的清静之福，只不过在茶碗与香炉的烟雾之中。

评 析

好书让人充满智慧，良友能志同道合，清茶让人忘记忧愁，熏香让人心神安宁，这样的生活难道不是千载难逢的幸福吗?

30

作梦则天地亦不醒，何论文章？为客则洪濛无主人，何有章句？

译 文

对于睡梦中的人来说，天和地都不清醒，文章又怎么会清醒？人作为世间的过客，开天辟地以来就没有主人，怎么会有文章诗句？

评 析

人生如梦，岁月匆匆，每个人都是匆匆过客罢了。

31

艳出浦之轻莲，丽穿波之半月。

译 文

比生长在水中的清丽的莲花更加美艳，比荡漾在波光之中的半圆之月更加美丽。

评 析

此篇出自骆宾王的《扬州看竞渡序》："是以临波笑脸，艳出浦之轻莲；映渚额眉，丽穿波之半月。"描写的是看竞渡之人的美艳与喜悦。

32

云气恍堆窗里岫，绝胜看山，泉声疑泻竹间樽，贤于对酒。杖底唯云，囊中唯月，不劳关市之讥；石笥[①]藏书，池塘洗墨，岂供山泽之税？

注 释

① 笥（sì）：盛饭或衣物的方形竹器。

译 文

天空中的云气缭绕，好像堆积在窗前的山峦，其中的美妙更胜过观赏山中美景；泉水叮咚的声音，好像倾泻在竹间的酒樽，这种感觉比对酒当歌还要过瘾。拄杖而行，杖下只有云霞伴随，行囊里也只有月光，无须关市的查问；石匣藏书，池塘洗刷笔墨，哪里用得着给山川河泽交税呢？

评 析

拥有文人雅士的浪漫之心，看天地间皆是美景，将自己融于自然之中，与明月、云霞为友，与清泉、竹林为伴，过着神仙般的日子。

33

有此世界，必不可无此传奇，有此传奇，乃可维此世界，则传奇所关非小，正可藉口西厢一卷，以为风流谈资。

译 文

有这样的世界，一定不能没有这样的传奇故事；有这样的传奇故事，才能维系这样一个世界的存在。因此，这样的传奇故事所关系的事是非同小可的，正好可以凭借一卷《西厢记》，把它作为风流传奇的谈资。

评 析

《西厢记》是传奇中的代表作，是演绎“愿天下有情人终成眷属”这一主题最成功的戏剧，也正因为有这样的传奇故事，世界才这般丰富多彩。

34

非穷愁不能著书，当孤愤不宜说剑。

译 文

人不到穷困忧愁、不得志之时，就不能著书立说；一个人在孤傲激愤的时候，不适合谈刀论剑。

评 析

欧阳修曾提出“诗穷而后工”的说法，与此处“非穷愁不能著书”

是相似的，比如曹雪芹也是在家道中落后才写成《红楼梦》。

35

心无机事，案有好书，饱食晏眠，时清体健，此是上界真人。读《春秋》，在人事上见天理；读《周易》，在天理上见人事。

译文

内心没有算计的念头，书桌上摆放着喜欢的书籍，每天可以吃饱，可以安然入睡，时时感到心清体健，这样的生活真是像天上的神仙一样。读《春秋》，参透世间人事上的道理，从而发现自然的玄机；读《周易》，则能探索天地自然的规律，因而洞察人世中的道理。

评析

“若无闲事挂心头，便是人间好时节。”此时再加上一本好书，品味书中的哲学智慧，如此自得其乐，真是神仙般的生活啊！

36

镜花水月，若使慧眼看透；笔彩剑光，肯教壮志销磨。

译 文

镜中花，水中月，要有慧眼才能够看得透彻；文采武气，怎么能让豪情壮志消磨殆尽呢?

评 析

人世间有很多虚幻的东西，就像镜中花、水中月，只有看透这些，才算是拥有真正的智慧。

37

烈士须一剑，则芙蓉赤精[①]，而不惜千金购之；士人准寸管[②]，映日干云之器[③]，那得不重价相索。

注 释

① 芙蓉赤精：剑名。芙蓉，即芙蓉剑，传说为越王勾践的佩剑。赤精，赤山所产之铁制成的剑。

② 寸管：毛笔。

③ 映日干云之器：兔毫笔。比喻非常名贵的毛笔。

译 文

英雄豪杰必定会佩剑，如果有芙蓉、赤精这样的剑，一定不惜用千金购买；而文人志士手中只有一支毛笔，如果能得到名贵的兔

毫笔，哪有不重金求取的道理。

评 析

工欲善其事，必先利其器。对于自己看重的东西，一掷千金又何妨?

38

烘日吐霞，吞河漱月，气开地震，声动天发。

译 文

大海烘托着太阳，吐露出彩霞，仿佛要吞掉江河、洗涤月亮一样，气势大开，大地震动，声势浩大，天空为之发出声响。

评 析

全句摘自南朝齐文学家张融的《海赋》，描写了大海气势磅礴的景观，实在让人惊叹。

39

议论先辈，毕竟没学问之人；奖惜后生，定然关世道之寄。贫富之交，可以情谅，鲍子所以让金[①]；贵贱之间，易以势移，管宁所以割席[②]。

注 释

① 鲍子所以让金：春秋时期，管仲与鲍叔牙是好友，因为管仲

家贫，鲍叔牙常将两人经商所得，多分给管仲一些，并向齐桓公推荐管仲为相。管仲说："生我者父母，知我者鲍子也。"

② 管宁所以割席：三国魏人管宁与华歆一起读书时，有高官乘车从门外过，管宁读书如故，华歆出去看车，管宁割席与其断交。

译文

议论先人的短长，终究是没学问的人才做的事；而奖励提携后生，一定是关乎世道的寄托。贫贱富贵之交的朋友，可以根据不同的情势加以谅解，所以鲍叔牙给管仲多分些钱；高低贵贱之间的交情，容易因为地位的变化而变化，因此管宁才会割席断绝与华歆的交情。

评析

交朋友可以有贫富差异，却不能有品格高下之分。交友，最主要的是人品。道不合，不相为谋。

40

论名节，则缓急之事小；较生死，则名节之论微。但知为饿夫以采南山之薇[①]，不必为枯鱼以需西江之水[②]。

注释

① 饿夫以采南山之薇：指伯夷、叔齐不食周粟，采薇南山终至饿死事。

② 枯鱼以需西江之水：典出《庄子·外物》：庄周遇车辙中有

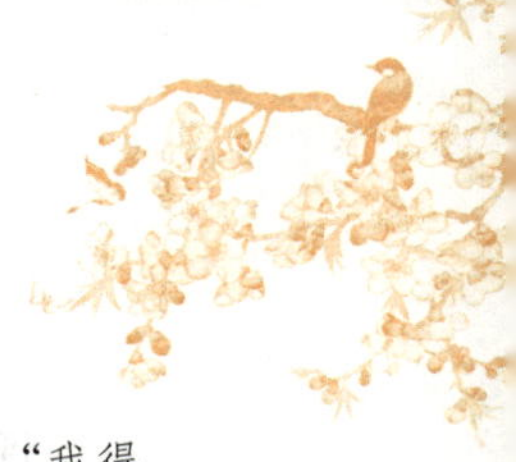

鲋鱼向他求救，允之，说要汲西江之水来迎之。鲋鱼怒了："我得斗升之水然活耳，子乃言此，曾不如早索我与枯鱼之肆。"

译文

与声誉和节操之事相比，急迫困难的事情则是小事；如果与生死之事相比，那么名节就微不足道了。然而世间只知道伯夷、叔齐不食周粟，采薇南山终至饿死事，却不必为救活快死的鱼而引来西江的水。

评析

名节固然重要，但是生死更重要。如果已经到了生死存亡的关头，就不必再顾及名节了。

41

儒有一亩之宫，自不妨草茅下贱；士无三寸之舌，何用此土木形骸?

译文

读书人只需要有一亩之大的房舍就够了，那么不妨甘居茅舍之中；谋士没有三寸不烂之舌，还要这身体干什么用呢?

评 析

读书人只需静心读书，所以有一处安静的房舍就够了；谋士需要匹配关键的口舌技能，才能人尽其用。什么样的人，就该做什么事，自然也有该处的位置。

42

鹏[①]为羽杰，鲲[②]称介[③]豪，翼遮半天，背负重霄。

注 释

① 鹏：大鸟。

② 鲲：传说中的大鱼。

③ 介：指鱼类。

译 文

鹏是鸟中的豪杰，鲲是鱼中的英豪，鹏的双翅可以遮住半边天空，鲲背负着九重云霄。

评 析

鲲鹏能负天遮天，才称之为鱼鸟界的英豪。有多大能力，能承担多少责任，才能成就英雄豪杰?

43

怜之一字，吾不乐受，盖有才而徒受人怜，无用可知。傲之一字，吾不敢矜，盖有才而徒以资傲，无用可知。

译 文

“怜”这个字，我不愿意接受，如果有才华而只是遭人可怜，只能证明我没有用。“傲”这个字，我不敢自傲，如果有才华而以此作为骄傲的资本，可知我是无用之人。

评 析

有才华的人，心理素质要相应强大，修养也要提高，否则遭人同情或者以此自傲，终究证明只是无用之人。

44

问近日讲章孰佳，坐一块蒲团自佳；问吾济严师孰尊，对一支红烛自尊。

译 文

若问近日以来谁讲书讲得最好，坐在蒲团上打坐的自然最好；若问我们这些人的严师谁最值得尊敬，独对一根红烛念经的自然尊贵。

评 析

只有不理会外界声名，不断学习，能精进自身修养学问的人，才是最优秀、最高贵、最值得尊敬的人。

45

点破无稽不根之论，只须冷言半语；看透阴阳颠倒之行，惟此冷眼一只。

译 文

驳倒那些荒谬的、没有根据的言论，只需要半句冷静的话；而看透那些是非颠倒的行为，只需要一只冷眼就可以了。

评 析

对于流言蜚语，不必过分在意，只需要冷静面对，流言便不攻自破。

46

古之钓也，以圣贤为竿，道德为纶，仁义为钩，利禄为饵，四海为池，万民为鱼。钓道微矣，非圣人其孰能之?

译 文

古时候的钓鱼之道，以圣贤为渔竿，以伦理道德为渔线，以仁义为鱼钩，以功名利禄为鱼饵，以天下四海为鱼池，天下万民则为鱼。钓鱼之道非常微妙，除了圣人又有谁能做到呢?

评 析

钓鱼之道，其实是治国之道。治国首先要有圣贤之道、仁义道德，万民才会归一。

卷九　绮

朱楼绿幕，笑语勾别座之春；越舞吴歌，巧舌吐莲花之艳。此身如在怨脸愁眉、红妆翠袖之间，若远若近，为之黯然。嗟乎！又何怪乎身当其际者，拥玉床之翠而心迷，听伶人之奏而陨涕乎？集绮第九。

译 文

富丽华美的阁楼垂下绿色的纱幔，欢声笑语引来别座的花香；来自越地的舞蹈和吴地的歌谣，优美的歌喉仿佛发出莲花的清艳。身处其中，如同身在满脸愁怨、盛装打扮的丽人之间，与她们的距离若远若近，令人黯然神伤。唉！又怎能怪身处其中的人，拥抱美人的心神迷醉，听到伶人的乐曲而落泪呢？因此，编纂了第九卷“绮”。

评 析

人间多绮丽，有绮户华屋，有绮幕下的罗绮美人，有灯火辉煌的绮筵，有丝竹交错、歌声婉转多情的绮宴，还有或嗔喜或哀怨的绮怀，身处其中，我们只能感慨、欣赏这如梦如幻的美丽风情。

01

天台花好，阮郎却无计再来；巫峡云深，宋玉只有情空赋；瞻碧云之黯黯，觅女神其何踪；睹明月之娟娟，问嫦娥而不应。

译 文

天台山的花儿依然美丽，阮郎却再也无法回来；巫峡上空依然云雾茫茫，宋玉有情却只能空作赋；遥望着沉沉云海，去哪里寻找女神的踪迹；望着明亮的月亮，询问嫦娥却无人应答。

评 析

景色依然美好，有情人却再也无法相聚。那么，景色再美，又有什么意思呢？

02

镜想分鸾，琴悲别鹤[1]。

注 释

① 别鹤：指《别鹤操》，乐府琴曲名。

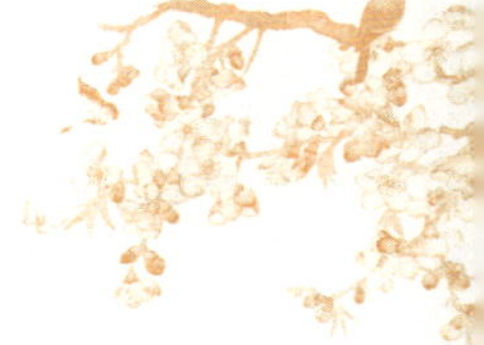

译 文

对镜独照，思念那分离的鸾鸟；弹奏《别鹤操》，忍不住悲从心来。

评 析

此句出自南朝梁何逊的《为衡山侯与妇书》，表达了他对远方妻子的思念之情。

03

春透水波明，寒峭花枝瘦，极目烟中百尺楼，人在楼中否?

译 文

明媚的春光透过水波显得更加明亮，寒意料峭使得梅花枝条显得分外瘦削，极目远眺云雾中的百尺高楼，思念的人儿是否在楼上?

评 析

春光明媚，却抵挡不住思念的哀愁，远处的人儿是否也在远眺这边?

04

莲开并蒂，影怜池上鸳鸯；缕结同心，日丽屏间孔雀。

译 文

莲花并蒂开，池塘里鸳鸯并行的倒影也充满怜情爱意；丝缕结同心，就像灿烂阳光下开屏的孔雀一样。

评 析

千百年来，人们始终向往美满幸福的爱情，而并蒂莲、鸳鸯，都是美好爱情的象征，“只羡鸳鸯不羡仙”，希望天下有情人都能永结同心、百年好合。

05

鸟语听其涩时，怜娇情之未啭；蝉声听已断处，愁孤节[①]之渐消。

注 释

① 孤节：孤独、高洁的节操。

译 文

鸟鸣，听它生涩时的声音，会不自觉地怜爱那时它还没学会婉转的娇弱；蝉鸣，听它已断绝处的声音，会不自觉忧愁它那孤高的节操渐渐消散。

评 析

时光匆匆，没有什么东西会一成不变地等在原地。要善于审时度势，抓住机会，及时欣赏风景。莫待无花空折枝，莫待声断空哀愁。

06

断雨断云，惊魂三春蝶梦；花开花落，悲歌一夜鹃啼。

译 文

截云断雨，惊醒了春季三月的蝴蝶美梦；花开花落，杜鹃整夜都在悲伤地啼鸣。

评 析

文人的心是极其敏感的。杜鹃鸣叫，花开花落，本是万物的自然变化，却被文人赋予了特定的含义。因为心中哀愁，所以看见花谢、鹃啼都是哀愁。

07

衲子飞觞历乱，解脱于樽斝[①]之间。钗行挥翰淋漓，风神在笔墨之外。

注 释

① 斝（jiǎ）：古代盛酒的器具。

译 文

僧侣们举起酒杯痛饮，在饮酒中寻求解脱。美女挥毫泼墨，风采神韵还在笔墨之外。

评 析

僧人在觥筹交错中寻欢作乐，得到的快乐却是极其短暂的；女子泼墨挥毫，却不足以展示其才华风韵，让人不禁感慨人生境界如此不同。

08

新垒桃花红粉薄，隔楼芳草雪衣[①]凉。

注 释

① 雪衣：雪衣娘，白鹦鹉。出自《明皇杂录》：天宝年间，岭南献白鹦鹉，养之宫中，鹦鹉很聪慧，通晓言辞，玄宗及贵妃呼之雪衣女，左右呼之雪衣娘。

译 文

新建的墙边，桃花开得十分娇艳，连美女也觉得相形见绌；阁楼下芳草萋萋，连白鹦鹉也觉得十分凄凉。

评 析

桃花斗艳，芳单萋萋，一片明媚春光的景象。大好时光，值得珍惜。

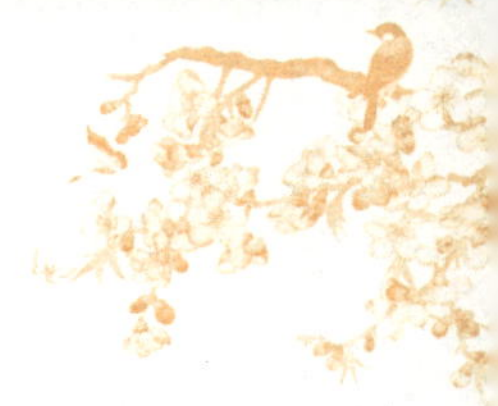

09

李后主[①]宫人秋水[②]，喜簪异花，芳草拂髻鬟，尝有粉蝶聚其间，扑之不去。

注释

① 李后主：即南唐后主李煜。

② 秋水：宫女的名字。

译文

李煜有个宫女名叫秋水，她喜欢在头发上插些奇花，用香草拂弄头发，曾经有蝴蝶飞来聚在她的头发上，赶也赶不走。

评析

爱美之心，人皆有之。女子爱美，蝴蝶亦爱美。

10

昔人有花中十友：桂为仙友，莲为净友，梅为清友，菊为逸友，海棠名友，荼蘼[①]韵友，瑞香殊友，芝兰芳友，蜡梅奇友，栀子禅友。昔人有禽中五客：鸥为闲客，鹤为仙客，鹭为雪客，孔雀南客，鹦鹉陇客[②]。会花鸟之情，真是天趣活泼。

注释

① 荼蘼：蔷薇科草本植物。往往到盛夏才开花，所以人们常认

为荼蘼花开象征花季的终结。

② 鹦鹉陇客：古代鹦鹉多产于陇西。陇，甘肃省的简称。

译 文

古人有“花中十友”的说法：桂花是仙友，莲花是净友，梅花是清友，菊花是逸友，海棠花是名友，荼蘼花是韵友，瑞香花是殊友，芝兰花是芳友，蜡梅花是奇友，栀子花是禅友。古人也有“禽中五客”的说法：鸥是闲客，鹤是仙客，鹭鸶是雪客，孔雀是南客，鹦鹉是陇客。这种聚合花鸟情愫的说法，真是充满天然的情趣，显得活泼可爱。

评 析

古人以花为友、以禽为客，真是充满情趣。有一双发现美的眼睛和一颗热爱大自然的心，就能与花鸟鱼虫做朋友，收货无穷乐趣。

11

木香盛开，把杯独坐其下，遥令青奴吹笛，止留一小奚侍酒，才少斟酌，便退立迎春架后。花看半开，酒饮微醉。

译 文

木香花开得正盛，独自坐在花下饮酒，令青衣奴仆远远吹笛助兴，只留下一个小童侍酒，他刚斟完一杯酒，便退回去站立在迎春花架后。我看着半开的花朵，感觉有些许醉意。

评 析

“花看半开，酒饮微醉”是一种境界，是一种恰到好处的智慧。

12

窗前俊石冷然，可代高人把臂；槛外名花绰约，无烦美女分香。

译 文

窗户前的美石冷然挺立，可以代替高人与之把臂同游；槛外的名花风姿绰约，不用再烦劳美女散发出清香。

评 析

窗前俊石、槛外名花，可以代替高人、美女陪伴在我的身边，这是一种超然物外、悠然自得的境界。

13

野花艳目，不必牡丹；村酒醉人，何须绿蚁[1]。

注 释

① 绿蚁：即新酿的酒面泛起的泡沫，代指新酒。

译 文

野花也可以夺人眼球，不一定只有牡丹；村酒也能把人喝醉，不一定要有新酒。

评析

野花、村酒虽然不名贵，但一样清香四溢，让人沉醉。身处山林村庄，自是别有一番趣味。

14

石鼓池边，小草无名可斗[1]；板桥柳外，飞花有阵[2]堪题。

注释

① 斗：斗草，是古代的一种竞采花草的游戏。

② 飞花有阵：飞扬的花絮结成阵势。

译文

在石鼓和池塘的旁边，长着很多无名的小草，这些小草可以用在斗草游戏中；石板桥边，柳林之外，飞扬的柳絮结成阵势，可以以此题诗。

评析

无名的小草可以用在斗草游戏中，飞扬的柳絮可以作为写诗的题材，看似无用的东西都有其价值，何况这生机勃勃的春光本就是美丽的风景。

15

窗外梅开，喜有骚人弄笛；石边积雪，还须小妓烹茶。

译 文

窗外梅花盛开，欣喜听到有诗人在吹笛子；石边堆满积雪，还需小妓来帮忙煮茶。

评 析

寒冬时节，可以外出踏雪赏梅，也可以在屋里倾听笛声，品尝茗茶，如此惬意生活真是羡杀旁人。

16

高楼对月，邻女秋砧。古寺闻钟，山僧晓梵。

译 文

高楼正对着皎洁明月，听见邻家女子在秋夜里捣衣的声音。古寺里传来阵阵钟声，山中僧人已经早起诵读佛经。

评 析

秋夜里女子捣衣声，古寺钟声，僧人诵经声，明明有这些声音，却依然感觉这个世界是如此宁静而悠远。

17

古人养笔以硫黄酒，养纸以芙蓉粉，养砚以文绫盖，养墨以豹皮囊。小斋何暇及此，唯有时书以养笔，时磨以养墨，时洗以养砚，时舒卷以养纸。

译 文

古人用硫黄酒来保养毛笔，用芙蓉粉来保养纸张，用文绫盖来保养砚台，用豹皮囊来保存墨块。像我这么小的书斋，哪里有条件做到这些，只好时常书写来保养笔，时常磨墨来保养墨，时常清洗来保养砚，时常舒卷来保养纸。

评 析

古人有古人的方法，如果自身条件达不到，自然可以用别的方法代替，不必强求一致。而且，保养笔墨纸砚就是为了让它们更好地被使用，并不在怎样收藏，时常使用确实是很好的保养方法。

18

梅额生香[①]，已堪饮爵；草堂雪飞，更可题诗；七种之羹[②]，呼起袁生[③]之卧；六生之饼[④]，敢迎王子之舟[⑤]。豪饮竟日，赋诗而散；佳人半醉，美女新妆；月下弹瑟，石边侍酒。烹雪之茶，果然剩有寒香；争春之馆，自是堪来花叹。

注 释

① 梅额生香：传说南朝宋武帝时，寿阳公主有一天躺在含章殿下，梅花落在她的额头上，拂之不去，后来被称作“梅花妆”。

② 七种之羹：即七宝羹。古人在农历正月初七，用七种蔬菜伴和米粉所做的羹。

③ 袁生：东汉袁安。为人严谨。在别人都出去乞食时，他在家中被冻僵，也不愿意出门打扰别人。

④ 六生之饼：六瓣的雪花。

⑤ 王子之舟：出自《世说新语·任诞》。王子猷在下大雪的夜里，忽然想起戴安道，就夜乘小船，经过一晚上才到门前，却没见戴就回去了。别人问原因，他说："吾本乘兴而来，兴尽而返，何以见戴？"

译 文

梅花妆点的额头散发的清香，足以作为饮酒的谈资；草堂前飘飞的雪花，更可以作为吟咏的诗题；七宝羹饭，可以唤醒僵卧的袁安；雪花飘飘，敢迎王子猷的小船。豪饮了一整天，作诗后都散开了；女子喝得半醉，美人重新化好妆；在月光下弹琴，在石头边饮酒。用雪水煮茶，果然多有寒香；百花争春的馆舍，自然应该为落花叹息。

评 析

身在草堂，饮酒煮茶，弹琴作诗，谈论奇人异事，还有佳人相伴，生活真是潇洒惬意、丰富多彩啊！

19

黄鸟让其声歌，青山学其眉黛。

译 文

佳人歌声婉转，黄鸟都要学她歌唱；佳人眉毛如黛，青山都要向她学习。

评 析

上天造人，如此神奇，这般美好的女子，怎能不让万物惊叹、效仿？

20

风开柳眼，露浥[①]桃腮，黄鹂呼春，青鸟[②]送雨；海棠嫩紫，芍药嫣红，宜其春也。碧荷铸钱，绿柳缫丝，龙孙[③]脱壳，鸠妇[④]唤晴，雨骤黄梅，日蒸绿李，宜其夏也。槐阴未断，雁信初来，秋英无言，晓露欲结，蓐收[⑤]避席，青女[⑥]办妆，宜其秋也。桂子风高，芦花月老，溪毛碧瘦，山骨苍寒，千岩见梅，一雪欲腊，宜其冬也。

注 释

① 浥（yì）：湿润。

② 青鸟：传说青鸟是王母娘娘的使者。借指春季。

③ 龙孙：笋的别称。

④ 鸠（jiū）妇：指雌鸠。

⑤ 蓐（rù）收：传说中的西方神名，主管秋天的神。

⑥ 青女：专管霜雪的女神。

译文

春风吹开了柳叶，露水打湿了桃花，黄鹂鸟呼唤着春天，青鸟送来春雨；海棠花是嫩紫色的，芍药花是嫣红色的，这些应是春天的景色。新生的荷叶好像铜钱，翠绿的柳枝仿佛长丝，竹笋脱壳而出，斑鸠呼唤晴天，骤雨敲打着黄梅，阳光晒着绿色的李树，这些应是夏天的景色。槐树的阴影未断，大雁刚刚南飞，秋天的果实静默无言，早晨的露水将要凝结，秋神即将离开，霜雪女神开始装扮，这些应是秋天的景色。寒风吹落桂花，月光下芦花渐白，溪水中的水藻凋残，岩石苍劲寒冷，千山梅花开放，一场雪后腊月到来，这些应是冬天的景色。

评析

春夏秋冬，各有其美，在哪个季节，就要享受哪个季节的景色。享受当下的生活，人生便不会有遗憾。

21

风翻贝叶，绝胜北阙除书[①]；水滴莲花，何似华清宫漏。

注释

① 除书：授官职的文书。

译 文

清风下翻动佛经，绝对胜过宫殿北楼发出的授官文书；水滴落在莲花上，与华清宫中的计漏多么相似啊。

评 析

诵读佛经，赏水滴莲花，如此修身养性的生活，只是千万种生活的一种，不能看破凡尘的功名利禄，就享受不了这样清静无为的生活的惬意。

22

柳花燕子，贴地欲飞；画扇练裙，避人欲进，此春游第一风光也。

译 文

柳絮和燕子一起贴地即将飞起，拿着扇子、身穿白裙的美女，想要避开人又想上前游玩，这是春游时最美的风光。

评 析

柳絮和燕子在空中飞舞，白裙飘飘的女子持扇娇羞，多么自然生动的春光啊！

23

梅花舒两岁[①]之装，柏叶泛三光之酒[②]。飘飖[③]余雪，入箫管以成歌；皎洁轻冰，对蟾光而写镜。

注 释

① 两岁：指新年和旧年。

② 柏叶泛三光之酒：古时习俗。因为柏叶最后凋落，集日月星三光之精华，用来泡酒，元旦饮下以祝寿和避邪。

③ 飘飖（yáo）：风吹貌。

译 文

梅花舒展着新年和旧年的装扮，柏叶酒中泛着日、月、星三光的精华。雪花飘飘，飞入箫管之中变成歌曲；皎洁的薄冰对着月光，明亮得像镜子一样。

评 析

此篇出自南梁萧统的《锦带书·十二月启·太簇正月》，描写了正月梅花开放、雪花飘飞的风光。

24

鹤有累心犹被斥，梅无高韵也遭删。

译 文

仙鹤如果被凡心所累也要遭到斥责，梅花没有高洁的韵致也会被修剪。

评 析

梅花、仙鹤有着高洁、清高的象征意义，如果它们也要被凡尘俗世牵累，丢掉了自己的品质，便不值得文人雅士称颂。

25

九重仙诏，休教丹凤衔来；一片野心，已被白云留住。

译 文

就算玉帝有九道诏书，也不要让凤凰衔过来；一片隐居山野的心，已经被白云留住了。

评 析

不想做天上的神仙却被白云留住，宁愿在山林中做个野人，过着悠闲的生活。

26

斗草春风，才子愁销书带翠；采菱秋水，佳人疑动镜花香。

译 文

才子们在春风中玩斗草游戏，翠绿的书带草使他们心中的忧愁渐渐消散；佳人在秋水中采摘菱角，看着清澈的湖面泛起涟漪，好像是谁动了梳妆台。

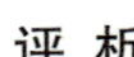

评 析

春天的生机盎然，让人心生欢喜，仿佛洗去了沉冬的忧愁；佳人爱美，采菱时也不忘照着清澈的湖水当作梳妆镜，水面起涟漪就像移动的梳妆镜。春秋之景绮丽多彩，才子佳人情趣雅致。

27

无端泪下，三更山月老猿啼；蓦地娇来，一月泥香新燕语。燕子刚来，春光惹恨；雁臣甫聚，秋思惨人。

译 文

无端地伤心落泪，原来是三更天的惨淡月光下老猿哀啼；忽然有娇声传来，原来是燕子衔着春泥发出的新声。燕子刚刚飞来，春光让人心生烦恼；大雁刚刚聚来，秋思令人心中凄惨。

评 析

若心中充满哀愁，一切景物皆是哀愁，只有转换心情，才能处处是美景。

28

微风醒酒，好雨催诗，生韵生情，怀颇不恶。

译文

微风吹醒醉意，好雨催生诗兴，生出韵味和情趣，这样的情怀非常好。

评析

微风细雨之景，往往能够激发诗人的灵感，写出许多美妙的诗句，比如杜甫的《水槛遣心》：“细雨鱼儿出，微风燕子斜。”

29

苎萝[①]村里，对娇艳歌舞之山；若耶溪[②]边，拂浓抹淡妆之水。

注释

① 苎萝：相传是西施出生的地方。在今浙江省诸暨市南边。

② 若耶溪：即浣纱溪，相传西施曾经在此浣纱。

译文

来到苎萝村里，面对当年西施娇歌艳舞的大山；浣纱溪边，轻拂西施曾对着浓妆淡抹的流水。

评析

西施的传说仍在传说，然而美人已逝，只有当年的那座青山、那

条溪水还记得佳人的倩影吧。

30

同气之求，惟刺平原于锦绣①；同声之应，徒铸子期②以黄金。

注 释

① 平原锦绣：后人敬仰平原君，将其绣像，以表敬仰之情。

② 子期：即钟子期，与俞伯牙是知音。

译 文

同气相求，志趣相投，只有刺绣平原君像；同声相应，知音难求，只有用黄金铸造钟子期像。

评 析

万两黄金容易得，知己一人也难求。能够找到志趣相投的知己好友并不容易，所以要倍加珍惜。

31

胸中不平之气，说倩山禽；世上叵测之心，藏之烟柳。

译 文

心中有不平之气，说给山中的飞禽听；世上不可揣测的心计，深藏在烟柳繁华中。

评 析

天地如此辽阔，容得下所有的烦心琐事，把自己融入其中，就能忘却世间的诸多烦恼。

32

论声之韵者，曰："溪声、涧声、竹声、松声、山禽声、幽壑声、芭蕉雨声、落花声，皆天地之清籁，诗坛之鼓吹也。然销魂之听，当以卖花声为第一。"

译 文

谈论声音的韵味，眉公说："溪流声、山涧声、竹林声、松涛声、山鸟声、幽谷声、雨打芭蕉声、落花声，都是天地间清绝的天籁之声，是诗坛的鼓吹曲。然而最销魂的声音，应该是卖花的声音。"

评 析

万物皆有声，只要用心听，就能听到自然界各种奇妙之声。境由心生，若心中满是愁绪，听到的声音必是凄婉悲怆的；若心中阳光万丈，听到的必然是悦耳动听的声音。

33

石上酒花，几片湿云凝夜色；松间人语，数声宿鸟动朝喧。"媚"字极韵，但出以清致，则窈窕但见风神；附以妖娆，则做作毕露丑态。如芙蓉媚秋水，绿篠媚清涟，方不着迹。

译 文

坐在石头上喝酒赏花，几片阴云遮住了夜色；松林中有人说话，宿鸟的几声鸣叫让早晨变得喧闹起来。“媚”这个字非常有韵味，如果显露出清致，就能在窈窕中更显出风采神韵；如果附加上妖娆之气，就会显得做作而露出全部丑态。就像荷花在秋水中妩媚，绿竹在清涟中妩媚，这样自然而然美得不着痕迹。

评 析

恰到好处的“媚”给人一种美好雅致的感觉，过度的“媚”则会让人心生厌恶。凡事有“度”，不需刻意追求，享受自然才是美。

34

武士无刀兵气，书生无寒酸气，女郎无脂粉气，山人无烟霞气，僧家无香火气，换出一番世界，便为世上不可少之人。

译 文

武士没有刀兵的杀气，书生没有寒酸气，女子没有脂粉气，隐士没有烟霞气，僧人没有香火气，这样换成了另一种世界，每个人都会成为世上不可或缺的人。

评 析

武士经历过战争的洗礼，对生命心存敬畏和感恩，才能身无杀气；书生读万卷书积累知识，行万里路增长世情见识，关心民生百姓，才能身无寒酸气；女人既温柔又坚强，不浓妆艳抹也能获得漂亮、精彩，就能身无脂粉气。如此脱离固有身份的障碍，活出真正的自己，才能成为对他人、对社会有用的人，才是“世上不可少之人”。

35

情词之娴美，《西厢》以后，无如《玉合》《紫钗》《牡丹亭》三传，置之案头，可以挽文思之枯涩，收神情之懒散。

译 文

言情之词的文雅优美，在《西厢记》之后，就没有比《玉合记》《紫钗记》《牡丹亭》这三本传奇更好的了，把它们摆放在案头随时翻阅，既可以挽救枯竭的文思，也可以收起懒散的神情。

评 析

爱情中有欢心喜悦，也有断肠愁怨，千古文人将爱情付诸笔端，以上四本传奇皆为经典，读之必将心神随之跌宕起伏，怎能不感同身受，收束慵懒神情?

36

俊石贵有画意，老树贵有禅意，韵士贵有酒意，美人贵有诗意。

译 文

美石贵在有画意，古树贵在有禅意，雅士贵在有酒意，佳人贵在有诗意。

评 析

无论是自然万物，还是身为人，最可贵的是要有丰富的内涵和气质，否则便会俗不可耐。

37

世路既如此，但有肝胆向人；清议可奈何，曾无口舌造业。

译 文

世事已然如此险恶，只能凭着一腔肝胆对待别人；遭受别人非议又有什么办法，只能做到不逞口舌之快，不造口孽。

评 析

我们管不着别人说什么、做什么，但是可以选择自己怎么说、怎么做，问心无愧活一生。

38

蒲团布衲，难于少时存老去之禅心；玉剑角弓，贵于老时任少年之侠气。

译 文

身穿僧袍在蒲团上打坐，难在少年时拥有年老时的清静禅心；手拿宝剑角弓，贵在年老时仍有少年的豪侠之气。

评 析

少年自是率性豪情，难有清心静气；老年清静安然已是常态，难能可贵的是保有一份纯真率性、一份英气豪情。

卷十　豪

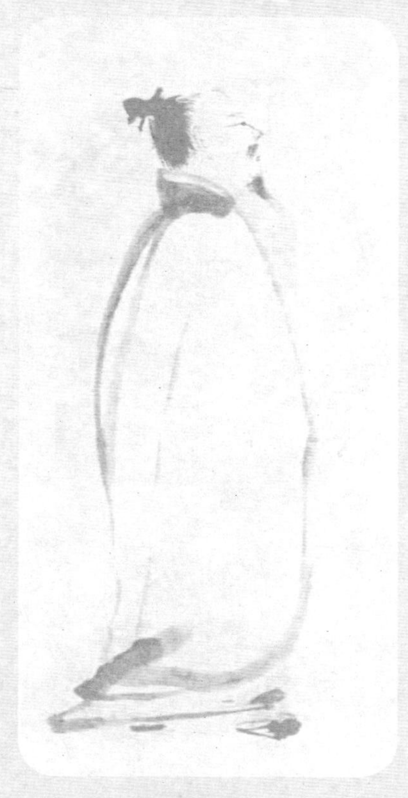

今世矩视尺步之辈，与夫守株待兔之流，是不束缚而阱者也。宇宙寥寥，求一豪者，安得哉？家徒四壁，一掷千金，豪之胆；兴酣落笔，泼墨千言，豪之才；我才必用，黄金复来，豪之语。夫豪既不可得，而后世倜傥之士，或以一言一字写其不平，又安与沉沉故纸同为销没乎！集豪第十。

译 文

当今世上墨守成规、守株待兔的人，是没人束缚却自陷其身。宇宙如此寥廓，寻一豪杰，到哪里去找呢？家徒四壁还能一掷千金的人，有豪杰的胆量；兴致来了，下笔如行云流水，洋洋洒洒写出好文章的人，有豪杰的才气；自信才华，有李白所说“天生我材必有用，千金散去还复来”豪言壮语的人。这样的豪杰既然遇不到，而后世有风流倜傥的人，有的以一句话或者一个字来抒发不平之气，又怎能让这样的豪情言论消失在陈旧的纸堆里呢？因此，编纂了第十卷“豪”。

评 析

豪杰不是逞匹夫之勇的人，既要有本事、才华，有胸襟、气魄、胆量，还要有“千金散去还复来”的自信。而大多数平凡人只要做到其中一点，就能使自己心生豪气，使自己变得更勇敢。因此，了解古人怎么锻炼豪气，有助于我们纠正自己，勇敢迎接生活的挑战。

01

桃花马上，春衫少年侠气；贝叶斋[①]中，夜衲老去禅心。

注 释

① 贝叶斋：佛家经堂。

译 文

骑在桃花马上，穿着春衫的少年充满了豪侠气；佛家经堂中，夜里诵经念佛的老僧有一颗禅心。

评 析

少年时的意气风发、豪情壮志，令人欣喜；老年时的清心寡欲、安然闲适，也让人羡慕。谁不曾少年？谁不会老去？活在当下，走到哪里就欣赏哪里的风景。

02

岳色江声，富煞胸中丘壑；松阴花影，争残局上山河。

译文

苍茫的山色和江水的波涛，丰富了心中的山河景象；松下的树荫和斑驳的花影，争着看棋盘上的残局争夺山河。

评析

大好山河，能使人心胸开阔；对弈之人，心中自有丘壑。在大自然中悠然争夺棋盘江山，这是高人雅士才有的心胸和生活。

03

骥虽伏枥，足能千里；鹄即垂翅，志在九霄。

译文

好马虽然伏卧槽下，但能奔驰千里；天鹅即使垂下翅膀，志向仍然在九霄之上。

评析

志向高远的人不会忘记梦想，面对暂时的困难也不会退缩，生命不息，奋斗不止。

04

慷慨之气，龙泉[①]知我；忧煎之思，毛颖[②]解人。

注 释

① 龙泉：龙泉剑。

② 毛颖：毛笔。

译 文

龙泉剑知道我慷慨的气概，毛笔解人忧愁的思绪。

评 析

舞剑可以抒发我慷慨的气概，文字可以表达我的忧愁思绪，因此，剑和笔都是良友，在不同时候各做陪伴。

05

不能用世而故为玩世，只恐遇着真英雄；不能经世而故为欺世，只好对着假豪杰。

译 文

因不能为世所用而玩世不恭，只怕会遇到真英雄；因不能治理世事而欺世盗名，只好面对假豪杰。

评 析

宁愿一时不得志，也不要玩世不恭担心遇到真英雄；宁愿做一个真实的平凡人，也不要做欺世盗名的假豪杰。

06

绿酒但倾，何妨易醉；黄金既散，何论复来！

译 文

尽管倾倒美酒，就算醉倒又有何妨；黄金已经散尽，何必再管能否收回！

评 析

李白有诗：“人生得意须尽欢，莫使金樽空对月。”人生在世，只求随心，喝醉又何妨？金钱散尽又何妨？“黄金既散，何论复来”这一句真是充满豪侠气概！

07

诗酒兴将残，剩却楼头几明月；登临情不已，平分江上半青山。

译 文

作诗、饮酒的兴致都将消残，只剩楼上微亮的月亮；登山临水的情怀不尽，竟想要平分江上的青山。

评 析

“今人不见古时月，今月曾经照古人。”古今皆有明月，只是现代人已经没有古人饮酒作诗的雅兴，也不具古人的豪情壮志。

08

假英雄专吷[1]不鸣之剑，若你锋芒，遇真人而落胆；穷豪杰惯作无米之炊，此等作用，当大计而扬眉。

注 释

① 吷（xuè）：小声轻吹的声音。

译 文

假英雄专爱轻吹不能响的劣剑，像这样的锋芒，一旦遇到真英雄便会失掉胆气；贫穷的豪杰习惯做无米之炊，这样的作用就是一旦遇到大事就会扬眉吐气。

评 析

不管是英雄豪杰，还是平凡众生，虚假的行为终究会被识破。真正的豪杰，明白自己的处境，并能真实地做自己，当条件具备时，就可以施展才华。

09

深居远俗，尚愁移山有文[1]；纵饮达旦，犹笑醉乡无记[2]。

注 释

① 移山有文：南朝齐孔稚圭所撰《北山移文》，假托山神之意，讥讽周颙热衷名利，不是真隐。

② 醉乡无记：唐朝诗人王绩有《醉乡记》一文。

译 文

住在深山远离凡尘俗世，仍然有隐士的忧愁；纵情喝酒到通宵达旦，还在笑话醉乡原本就不存在。

评 析

心的无忧无虑和自由，从来跟是否身处深山、借酒浇愁无关，放下心中的执着，才能真正过得潇洒自由。

10

风会日靡，试具宋广平[①]之石肠；世道莫容，请收姜伯约之大胆[②]。

注 释

① 宋广平：宋璟，唐玄宗时名相，耿介有大节，以刚正不阿著称于世。因曾封广平郡公，故名。

② 姜伯约之大胆：蜀汉名将姜维，字伯约。据记载，他“死时见剖，胆如斗大”。

译 文

风俗日渐颓靡，尝试让自己具有宋璟的铁石心肠；世道不容，请收下姜维那样超乎常人的胆略。

评 析

世风日下，想拥有自己的一片天地，就要有铁石般的心肠和过人

的胆略，否则连生存都有问题。

11

藜床半穿[①]，管宁真吾师乎；轩冕必顾[②]，华歆间非友也。

注 释

① 藜床半穿：出自《三国志·魏书·管宁传》：“管宁自越海及归，常坐一木榻，积五十余年未尝箕股，其榻上当膝处皆穿。”藜床，藜木坐榻。管宁，东汉末三国时期著名隐士。

② 轩冕必顾：典出“管宁割席”，华歆放下书本跑出去看达官贵人，管宁割断席子与之断交。

译 文

管宁坐穿藜床，可以做我的老师；华歆在官员乘车经过就出去看，的确不能当作朋友。

评 析

结交朋友要有所选择，志趣相投、能互为良师益友才能深交，否则应学习管宁割席断交。

12

车尘马足之下，露出丑形；深山穷谷之中，剩些真影。

译 文

车马奔波的俗世中，显露出丑陋的形象；在幽深的山谷里，还保留着一些真诚的身影。

评 析

俗世之中车马奔波，尽是些虚情假意、追名逐利的丑态；只有在深山幽谷的隐士身上，才能看到对自己真诚、活得自在逍遥的身影。

13

吐虹霓之气者，贵挟风霜之色；依日月之光者，毋怀雨露之私。

译 文

吐吞虹霓的豪气之人，贵在带有风霜清俊之色；依靠日月之光

的东西，不要怀着独占雨露的私心。

评 析

真正的英雄豪杰，必然经历过风霜的洗礼，却仍然真诚温暖；受天地滋润的万物，也该有一颗包容的大爱之心。

14

清襟凝远，卷秋江万顷之波；妙笔纵横，挽昆仑一峰之秀。

译 文

清高的胸襟凝结悠远，能卷起万顷秋江的波浪；妙笔纵横描画，能挽来昆仑一峰的秀丽景色。

评 析

胸怀宽广，能装得下壮阔的山河；妙笔生花，能描绘出秀丽的山峰。

15

闻鸡起舞，刘琨其壮士之雄心乎？闻筝起舞，迦叶其开士之素心乎？

译 文

听到鸡叫就起来练剑，是刘琨壮大了士人的报国雄心吗？听到古筝奏响就起来跳舞，是迦叶尊者开启了士人的素净之心吗？

评 析

国家需要时便有报国的雄心壮志，退居山林时就有清静安然的素心，如此心随境转，方能活得快乐。

16

读书倦时须看剑，英发之气不磨；作文苦际可歌诗，郁结之怀随畅。

译 文

读书疲倦的时候需要看看宝剑，英发之气就不会被消磨掉；写文章文思枯竭的时候可以吟诗，郁闷的心结就能随之变得舒畅。

评 析

无论读书、作文，还是做其他事情，都可能遇到坎坷，这时候需要用一些适合自己的方法转移注意力，重做调整。

17

交友须带三分侠气，做人要存一点素心。

译 文

结交朋友应该带着三分侠气，做人要保留一颗赤子之心。

评 析

赤子之心能保证我们不忘初心，抵抗诱惑，做个好人；结交朋友

贵在真诚，侠气就是真诚的表现。

18

栖守道德者，寂寞一时；依阿权变者，凄凉万古。

译 文

牢牢守住道德底线的人，会遭遇一时寂寞；依附权贵、投机取巧的人，必将凄凉万古。

评 析

人应该有自己的道德底线，不做损人利己之事，即使一时不能得到别人的理解，但是终究会得到认可；否则就会身负骂名，下场凄凉。

19

深山穷谷，能老经济才猷；绝壑断崖，难隐灵文奇字。

译 文

深山穷谷，能使经国济世的才能谋略变得老道；绝谷断崖，难以掩藏绝妙的书法和文章。

评 析

经国济世的才能，不会因为隐居山林就毫无用处，反而更见生活的智慧；传奇佳作，就算掩藏在绝谷断崖，也终究会被世人发现而传诵。

20

肝胆煦若春风，虽囊乏一文，还怜茕独，气骨清如秋水。

译 文

肝胆和煦，仿佛春风，虽然口袋中一文钱都没有，还会怜悯孤独的人，气节像秋水般清澈。

评 析

气节与贫富毫无关系，人心要像秋水般澄净，毫无杂质。

21

献策金门[①]苦未收，归心日夜水东流；扁舟载得愁千斛，闻说君王不税愁。

注 释

① 献策金门：向皇帝进谏。金门，汉代宫门，士人献策待诏的地方。

译 文

去王宫进言献策，苦于没被采纳，归家的心像水一样日夜不停地向东奔流；小船上载得了千万斗的愁绪，听说君王从来不对“愁”征税。

评 析

此句出自明代冯梦龙《古今谭概》，谓长洲孝廉陆世明，一次参加科考未中，回乡途经临清钞关，守关者误以为他是商人，要他纳税，于是他写下这首诗，表达了自己的满怀愁绪。

22

世事不堪评，拨卷神游千古上；尘氛应可却，闭门心在万山中。

译 文

世上的事情不能评论，翻开书卷在上古千年历史中神游；尘世的氛围应该可以拒绝，把门关上，心就可以在万山间徜徉。

评 析

既然“世事不堪评”，那就远离世间的纷扰，让心沉浸在书卷之中，徜徉在大自然之中。这样的生活不是更悠然自在吗?

23

龙津[①]一剑，尚作合于风雷；胸中数万甲兵，宁终老于牖下。此中空洞原无物，何止容卿数百人。

注 释

① 龙津：指名剑。

译 文

龙津这把宝剑，尚可在风雷中与另一把剑相合；胸有藏有数万甲兵，宁可老死在草窗之下。这里原本就是空的没有什么东西，何止装得下你们几百个人。

评 析

宝剑都有灵气，可找到另一把剑相合；心怀大志的有才之人，岂能潦倒一生，不去施展自己的才华?

24

英雄未转之雄图，假糟丘[①]为霸业；风流不尽之余韵，托花谷为深山。

译 文

英雄的雄图大略得不到施展，就沉湎于酒香；风流才子未尽余韵才情，就沉湎于声色。

评 析

英雄空有才华，无处施展，而在酒色中沉迷来寻欢作乐，实属壮志难酬的无奈。

25

满腹有文难骂鬼，措身无地反忧天。

译 文

满腹的诗书学问也难以谩骂鬼神，没有立身之地却依然心忧天下。

评 析

满腹诗书却还要敬畏鬼神；无处安身却还心忧天下，这也是一种豪情的表现。

26

大丈夫居世，生当封侯，死当庙食。不然，闲居可以养志，诗书足以自娱。

译 文

大丈夫活在世上，就应该建功立业，死了应当立庙受人供奉。如果不能这样，闲居可以怡养志趣，阅读诗书足以愉悦身心。

评 析

“生当作人杰，死亦为鬼雄。”这是英雄豪杰的人生态度，要活就活得轰轰烈烈，努力建功立业，封官晋爵。如果这条路行不通，就退而求其次，选择归隐闲居，修身养性，自娱自乐，未尝不好。

27

不恨我不见古人，惟恨古人不见我。

译 文

不遗憾我见不到古人，只是遗憾古人见不到我。

评 析

此句摘自《南史·张融传》，而辛弃疾在《贺新郎·甚矣吾衰矣》中也有“不恨古人吾不见，恨古人不见吾狂耳”之句，他们的豪放自信非常人能及，表达了自己才华横溢却不得施展的心情。

28

荣枯得丧，天意安排，浮云过太虚也；用舍行藏[①]，吾心镇定，砥柱在中流乎。

注 释

① 用舍行藏：典出《论语·述而》，指被任用就出来做事，不被任用就退隐。

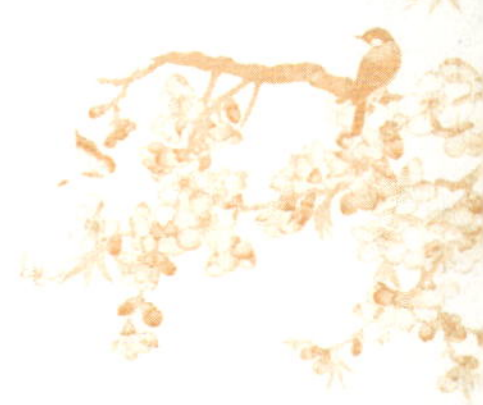

译 文

荣耀衰败，或得或失，都是上天的安排，就像浮云飘过太虚之境。无论是被任用出来做事，还是不被任用选择退隐，我的心都很镇定，就像中流砥柱一样坚定。

评 析

功名利禄如浮云，入世出世都镇定自如，这是古代隐士的智慧，也是他们的豪情壮志。

29

曹曾[①]积石为仓，以藏书，名“曹氏石仓”。

注 释

① 曹曾：后汉人，字伯山。藏书甚多。

译 文

曹曾砌石为仓库，用于藏书，称之为“曹氏石仓”。

评 析

正是因为有曹曾这样的藏书家，才使很多古籍得以保留，流传给后世。

30

丈夫须有远图，眼孔如轮，可怪处堂燕雀[①]；豪杰宁无壮志，风棱[2]似铁，不忧当道豺狼。

注释

① 处堂燕雀：出自《孔丛子·论势》。比喻生活安定后就失去警惕性，也比喻大祸临头了自己还不知道。

② 风棱：风骨，刚直不阿的品格。

译文

大丈夫必须有长远的计划，眼睛如轮，奇怪燕雀那样目光短浅，不知大祸临头；豪杰宁愿没有凌云壮志，也要有刚正不阿的品格，才不担心挡路的豺狼。

评析

英雄豪杰要目光长远，不能图一时安稳，要铁骨铮铮，才不愧为大丈夫。

31

云长[1]香火，千载遍于华夷；坡老[2]姓字，至今口于妇孺，意气精神，不可磨灭。

注释

① 云长：关羽，字云长。

② 坡老：指苏东坡。

译 文

关羽的香火，千百年来遍布华夏大地；苏轼的姓名，至今仍在普通百姓中流传，可见意气和精神是不可磨灭的。

评 析

关羽的忠贞神勇，苏轼的盖世才华和豁达胸怀，让他们留下千古美名。人过留名，雁过留声，人活一世，不说像他们二位名传千古，至少留下一世清名，才有价值。

32

据床嗒尔[①]，听豪士之谈锋。把盏惺然[②]，看酒人之醉态。

注 释

① 嗒（dā）尔：聚精会神的样子。

② 惺然：清醒的样子。

译 文

坐在床上，聚精会神地倾听豪杰侠士谈天说地；把盏饮酒却依然清醒，观看喝酒之人的种种醉态。

评 析

豪杰侠士的话语值得认真倾听，饮酒看醉酒之态也是生活的一种乐趣。

33

登高远眺，吊古寻幽。广胸中之丘壑，游物外之文章。

译 文

登高远眺，凭吊古人，寻找幽境。广览山河使心胸更加开阔，遨游于文章之外使文章更加酣畅。

评 析

阅尽古今事，观尽天下景，心胸自然开阔，文章自然深远。

34

雪霁清境，发于梦想。此间但有荒山大江，修竹古木。

译 文

雪后初晴，环境清雅，生出一些梦想。这里只有荒无人烟的大山、大江、修竹和古木。

评 析

雪后初晴的美丽景象，就是摒弃凡尘俗世，天地只有自然的梦中景象。人人可以梦想成真。

35

每饮村酒后，曳杖放脚，不知远近，亦旷然天真。

译文

每当喝完村酒，便拿着拐杖放开脚步就走，不管走远还是走近，也算是一种旷达天真的乐趣。

评析

饮酒醉行，可赏世界朦胧之美，这是一种悠然豁达、无拘无束的生活。

36

须眉之士，在世宁使乡里小儿怒骂，不当使乡里小儿见怜。

译文

男子汉大丈夫活在世上，宁可让乡里小孩大骂，也不应该让乡里小孩同情。

评析

男子汉要有骨气，可以失败，可以贫困，可以是坏人，却不能被小儿同情，否则就失掉铮铮铁骨，再难升起斗志。

37

胡宗宪[①]读《汉书》，至终军请缨[②]事，乃起拍案曰："男儿双脚当从此处插入，其他皆乞狼藉耳。"

注 释

① 胡宗宪：明代人，字汝贞。官至太子太保。

② 终军请缨：西汉人终军，字子云。汉武帝时做谏议大夫，南越王造反，终军主动请缨，说"愿受长缨，必羁南越王而致之网下。"后来南越王归附朝廷。

译 文

胡宗宪读《汉书》，读到终军主动请缨平复战乱一事时，就拍案而起说："男子汉就应该这样做事，其他都是胡扯！"

评 析

说得再多，想得再多，不如拿出行动，主动承担家国责任，并说到做到，方为男子汉大丈夫。

38

宋海翁[①]才高嗜酒，睥睨当世，忽乘醉泛舟海上，仰天大笑曰："吾七尺之躯，岂世间凡土所能贮？合以大海葬之耳！"遂按波

而人。

注 释

① 宋海翁：明代诗人宋登春，字应元，号海翁。

译 文

宋海翁才华出众并喜欢饮酒，看不起当时的社会，忽然一天乘着醉意泛舟海上，仰天大笑说：“我堂堂七尺身躯，岂是世间一般的土地能够安放的？只有大海可以葬我呀！”于是踏着波涛投入海中。

评 析

自古以来，才华出众者颇多，但像宋海翁这样无视死亡，选择葬身于大海的人仍属罕见，只留给世人无数想象。

39

王仲祖[①]有好形仪，每览镜自照曰：“王文开[②]那生宁馨儿[③]？”

注 释

① 王仲祖：东晋人王濛，字仲祖。

② 王文开：王仲祖之父。

③ 宁馨儿：这样的孩子。

译 文

王仲祖有良好的外貌仪态，常常对着镜子说："王文开怎么能生下这么好的孩子？"

评 析

东晋士人能对镜孤芳自赏，也是一种自信仪态的豪情。

40

毛澄[①]七岁善属对，诸喜之者赠以金钱。归，掷之曰："吾犹薄苏秦斗大，安事此邓通[②]靡靡。"

注 释

① 毛澄：字宪清，号白斋，明代昆山人，官至礼部尚书。

② 邓通：西汉人，曾经为汉文帝吸痈而得到宠信，可以自行铸钱。后以"邓通"作为钱的代称。

译 文

毛澄七岁时就擅长对对子，许多喜欢他的人赠送金钱给他。回家后，他扔下这些钱说："我连苏秦那斗大的相印都看不上，怎么会喜欢这区区小钱呢？"

评 析

毛澄七岁时便对相印、金钱不屑一顾，其心志之高，让今天还在追权逐利的人汗颜！

41

梁公实荐一士于李于鳞。士欲以谢梁，曰：“吾有长生术，不惜为公授。”梁曰：“吾名在天地间，只恐盛着不了，安用长生。”

译文

梁公实给李于鳞推荐了一名士子，这名士子想感谢梁公实，就说：“我有长生不老的方法，不惜传授给您。”梁公实说：“我的名字在天地之间，恐怕都装不下，哪里用得着长生不老！”

评析

梁公实真是极具智慧之人，能拒绝长生诱惑并看破世上没有长生不老的真相，只要做好自己，问心无愧，身心自然健康活得长寿。

42

吴正子穷居一室，门环流水，跨木而渡，渡毕即抽之。人问故，笑曰：“木桥浅小，恐不胜富贵人来踏耳。”

译文

吴正子生活贫寒，居住在一间简陋的房子里，门外有流水环绕，他将木板架在水上渡河，过河后就把木板抽走。有人问原因，他笑着说：“木桥太窄小，恐怕承受不了富贵人来践踏呀。”

评 析

古代文人断绝尘路，独自过着清静平淡的生活，不愿再为名利富贵劳心费神。

43

吾有目有足，山川风月，吾所能到，我便是山川风月主人。

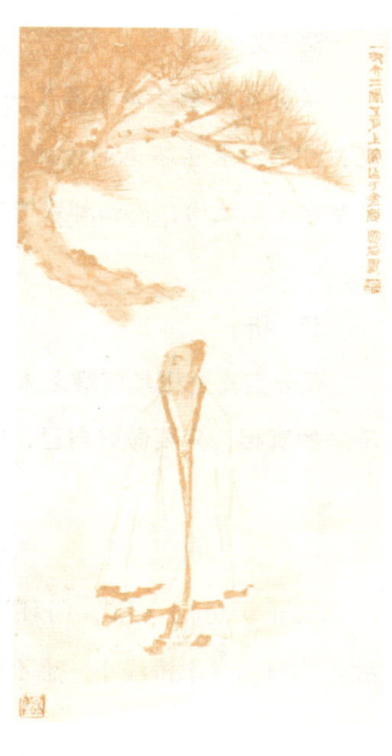

译 文

我有眼睛也有脚，山川风月，只要是我能到的地方，那么我便是这山川风月的主人。

评 析

这样一种游览山河便是这处山河主人的豪情霸气，令当今世人的确应该学习古人，如此也能少一些环境问题，享受更多美景。

44

青莲登华山落雁峰，曰：“呼吸之气，想通帝座，恨不能携谢朓惊人之诗来，搔首问青天耳！”

译 文

李白登上华山西侧的落雁峰，说："此处呼吸的气息，想来已经通向天帝的座前，遗憾没有把谢朓的惊人诗篇带过来，搔头询问青天啊！"

评 析

李白登上高峰，在云雾缥缈间想象可以与神仙对话，还要拿人间的诗词询问仙人，诗仙的豪情霸气真令人无限神往！

45

旨言不显，经济多托之工瞽[①]刍荛[②]；高踪不落，英雄常混之渔樵耕牧。

注 释

① 工瞽（gǔ）：古代乐官。

② 刍荛（chú ráo）：割草打柴，也指割草打柴的人。

译 文

有价值的话不张扬，经国济世的见解大多假托于乐人柴夫；高逸的行踪不落俗套，英雄常常混迹于渔人、樵夫、农夫、牧人这些普通人中。

评 析

古代贤者归隐也分三种情况：小隐隐于野，中隐隐于市，大隐隐于朝。大概放下世俗诱惑却依然关心民生百姓的隐士，才算得上“大隐”，他们就是有治国安邦之才却混迹于市井的乐官、渔夫、樵夫、农夫、牧人。

46

高言成啸虎之风，豪举破涌山之浪。

译 文

高妙的语言有虎啸般的威风，豪侠的行为能打破拍山的大浪。

评 析

拥有豪情壮志的人，体内好似有源源不竭的能量，自能光明坦荡、不畏艰险，能勇敢面对生活的各种风浪，收获丰硕的人生。

47

立言者，未必即成千古之业，吾取其有千古之心；好客者，未必即尽四海之交，吾取其有四海之愿。

译 文

著书立说的人，不一定能成就千秋不朽的功业，我取他有流传千古的决心；热情好客的人，不一定就能交遍四海之友，我取他有结交四海的心愿。

评 析

不是谁都能成就千古之业，只要用心做好该做的事就值得称颂；一个人也不可能结尽四海之交，只要拥有热情好客、真诚待人的心就值得赞美。

48

管城子[①]无食肉相[②]，世人皮相何为？孔方兄[③]有绝交书，今日盟交安在？

注 释

① 管城子：毛笔的别称。

② 食肉相：荣华富贵之相。

③ 孔方兄：铜钱的别称。

译 文

毛笔没有荣华富贵的命相，世人又何必在意面相之说呢？铜钱已经下了绝交书，今日的交情又在哪里呢？

评 析

宋代诗人黄庭坚仕途不顺，被降职后遭到亲朋好友的疏远，于是他写下“管城子无食肉相，孔方兄有绝交书”这样的诗句，意思是既然与荣华富贵无缘，不如早日归隐，远离这庸俗尘世，在书香陈墨中自在而活。

49

襟怀贵疏朗，不宜太逞豪华；文字要雄奇，不宜故求寂寞。

译文

胸怀贵在开阔明朗，不宜过于卖弄其豪侠之气；作文写字要雄奇，不宜刻意追求寂寞。

评析

做人心胸要开阔，但不能太豪放；作文要雄奇大气，不应寂寞自怜。心性光明，心胸开朗，才能写得好文章，做个好人。

50

悬榻待贤士①，岂曰交情已乎；投辖留好宾②，不过酒兴而已。

注释

① 悬榻待贤士：典出《后汉书·徐稺传》："蕃（陈蕃）在郡不接宾客，唯稺来特设一榻，去则县之。"后以"悬榻"喻礼待贤士。

② 投辖留好宾：典出"投辖留宾"，东汉班固《汉书·游侠传》："遵嗜酒，每大饮，宾客满堂，辄关门，取客车辖投井中。虽有急，终不得去。"辖，车轴的键，去辖则车不能行。比喻主人留客的殷勤。

译 文

把平时悬起的床放下来，盛情款待贤士，怎么能说只因为交情呢？投辖在井留下喜欢的宾客，不过是喝酒的兴致罢了。

评 析

投辖留客，盛情难却，若只为喝酒尽兴罢了，比不上为贤士专设的悬榻真诚。

51

为文而欲一世之人好，吾悲其为文；为人而欲一世之人好，吾悲其为人。

译 文

写文章的人想让世上的人都说好，我为他写的文章感到悲哀；做人而想让世上的人都说好，我为他这样做人而悲哀。

评 析

花无百日红，人无千日好。千古佳作也有人不喜欢，何况人本来也都不是完美的，不可能得到所有人的喜欢，保持自己的本色就好，喜欢你的人自会喜欢，而且现实是有多少人喜欢就有多少人讨厌。

52

胸中无三万卷书，眼中无天下奇山川，未必能文。纵能，亦无豪杰语耳。

译 文

胸中如果没有读过三万卷书，眼中如果没有见过天下的奇山异水，未必能写文章。即使能写，也没有精彩高妙的言论。

评 析

读万卷书，行万里路，方能心中有物，言之有物，下笔如有神。

53

山厨失斧，断之以剑；客至无枕，解琴自供；盥盆溃散，磬为注洗；盖不暖足，覆之以蓑。

译 文

山居的厨房失了斧子，就把剑砍断当斧子用；客人借宿没有枕头，就解下琴当枕头；洗漱的盆坏了，就用石磬注水洗漱；被子暖不到脚，就用蓑衣盖上。

评 析

生活中并不总是顺心如意，要保持良好心态，相信办法总比困

难多。

54

孟宗少游学，其母制十二幅被，以招贤士共卧，庶得闻君子之言。

译文

孟宗少时去游学，他的母亲做了十二床被子，用来招待贤士一起睡觉，好让他有幸听到君子的言论。

评析

天下父母皆望子成龙，而懂得放手让孩子游学得到锻炼，运用智慧教育孩子的父母却很少。孟宗之母此举，是在为儿子选择益友，让他在帮助他人的同时潜移默化地学到东西，其用心良苦，让人敬佩。

55

声誉可尽，江天不可尽；丹青可穷，山色不可穷。

译文

声名可以消失，但江天不会消失；颜料可以穷尽，但山色不可穷尽。

评 析

声名荣誉转眼即逝，只有自然山河历经千年而不会消逝。

56

闻秋空鹤唳，令人逸骨仙仙；看海上龙腾，觉我壮心勃勃。

译 文

听到秋日天空中的声声鹤鸣，使人觉得身逸骨轻，飘飘若仙；看到海上波涛汹涌的景象，感觉自己雄心勃发，壮志凌云。

评 析

有时候，我们需要走进大自然，感受自然的神奇壮阔和自己的渺小，让身心得到休憩，也从自然力量中汲取生活的勇气，激发心中的豪情壮志。

57

明月在天，秋声在树，珠箔卷啸倚高楼；苍苔在地，春酒在壶，玉山颓醉眠芳草。

译 文

明月高悬在天，秋声穿过树林，卷起珠帘，倚在高楼上长啸；青苔在地上生长，春天的酒在壶中，喝醉了如玉山颓然倒下，醉眠在芳草之中。

评 析

酒让人沉醉，景也让人沉醉，那就让自己沉醉在这青山明月之中吧。

58

松风涧雨，九霄外声闻环佩，清我吟魂；海市蜃楼，万水中一幅图画，供吾醉眼。

译 文

松林的风声，山涧的雨声，好像听到了九霄云外的环佩响声，让我神清气爽；海市蜃楼的奇特景象，好像是万水汇合中的一幅图画，让我大饱眼福。

评 析

大自然有着不可言说的奇妙之处，哪怕是风雨雷电，都会让人感觉清爽畅快。

59

每从白门归，见江山逶迤，草木苍郁。人常言佳，我觉是别离人肠中一段酸楚气耳。

译文

每次从京城回来，看见江山蜿蜒曲折，草木郁郁葱葱。人们常常说这处风景极好，而我觉得那只是离别之人肺腑中的一些酸楚气息。

评析

心中有景，则眼中才有景，心中满是离愁别绪，眼前之景自然也只有一股酸楚气。

60

人每谀余腕中有鬼，余谓："鬼自无端入吾腕中，吾腕中未尝有鬼也。"人每责余目中无人，余谓人："自不屑入吾目中，吾目中未尝无人也。"

译文

人们每次奉承我手腕中有鬼神相助，我说："鬼无法进入我手腕中，我的手腕里不曾有鬼。"人们每次责备我目中无人，我说："是别人不屑进入我的眼里，我的眼睛里未曾没有别人。"

评析

人们只会看到成功的光鲜亮丽，却不去想背后的辛勤付出；人们只会怪罪他人不尊重自己，却不去想尊重从来只是自己挣来的。

61

天下无不虚之山，惟虚故高而易峻；天下无不实之水，惟实故流而不竭。

译文

天底下没有不空虚的山，因为只有空虚，才能显出山的高耸峻峭；天底下没有不充实的水，因为只有充实，才能保证水源源不断而不枯竭。

评析

世间万物，各有其性，各具其妙，只有用心体会，才能真正欣赏到它的美。

62

放不出憎人面孔，落在酒杯；丢不下怜世心肠，寄之诗句。

译文

摆不出憎恶的面孔，只好留在酒杯之中；丢不开怜悯世事的心肠，只好寄情在诗句之中。

评析

古代文人的艺术修养极高，重礼并讲究君子风度，所以寄情于“琴棋书画诗酒茶”或自然风光，就足以排解忧愁。

63

忍到熟处则忧患消，淡到真时则天地赘。

译 文

忍耐到极点时，忧患就消失了；内心真正淡泊时，天地都显得累赘了。

评 析

忍到极点就无须再忍，之前忍耐担心的事情也就不再成为忧愁，想做什么就去做吧。内心真正淡泊，才是真正看破红尘，连天地自然在其眼中都不过是虚幻。

64

醺醺熟读《离骚》，孝伯外敢曰并皆名士[①]；碌碌常承色笑，阿奴辈果然尽是佳儿[②]。

注 释

① 孝伯外敢曰并皆名士：出自《世说新语·任诞》，王孝伯说："名士不必须奇才，但使常得无事，痛饮酒，熟读《离骚》，便可称名士。"

② 阿奴辈果然尽是佳儿：出自《世说新语·识鉴》："周伯仁母冬至举酒赐三

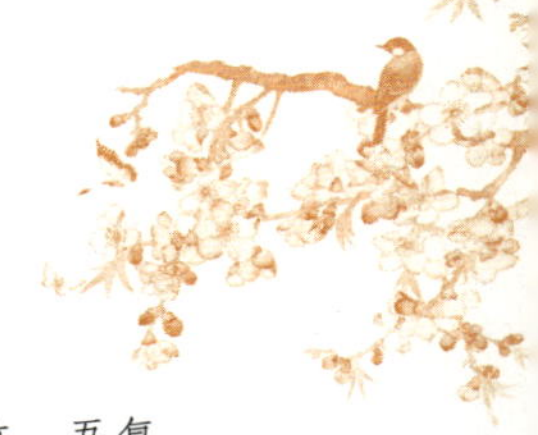

子曰：‘吾本谓度江托足无所，尔家有相，尔等并罗列吾前，吾复何忧？’周嵩起，长跪而泣曰：‘不如阿母言。伯仁为人志大而才短，名重而识暗，好乘人之弊，此非自全之道；嵩性狼抗，亦不容于世；唯阿奴碌碌，当在阿母目下耳。’”

译 文

醉醺醺地熟读《离骚》，王孝伯在外敢说自己也是名士；庸庸碌碌，常常承欢于父母眼前，阿奴这样的孩子果然都是好孩子。

评 析

即使只是喝得醉醺醺后熟读《离骚》，但心中有名士的旷达，也可自称名士；即使没有建功立业的成就，但能承欢膝下，解父母之急难，也是孝子。

65

飞禽铩翮[①]，犹爱惜乎羽毛；壮士捐生，终不忘乎老骥。

注 释

① 铩翮（shā hé）：伤了翅膀。

译 文

飞鸟伤了翅膀，依然爱惜它的羽毛；壮士牺牲生命，始终没有忘记他的老马。

评 析

飞鸟铩羽而归，犹能爱惜羽毛；壮士将死，却不忘老马，常常陪伴自己的人和物，值得我们永远珍惜。

66

敢于世上放开眼，不向人间浪皱眉。

译 文

敢在世上放眼观望，不对人间轻易皱眉。

评 析

人生在世，要活得坦荡，不能轻易屈服。

67

云破月窥花好处，夜深花睡月明中。

译 文

云朵散开，月亮来偷看花的美丽；夜深时分，花儿就睡在月光下。

评 析

全句摘自唐伯虎的《花月吟》。唐伯虎才华横溢，为人放荡不羁，做《花月吟》十余首，每句都有花有月，诗风清新婉丽，令人赞叹不已。

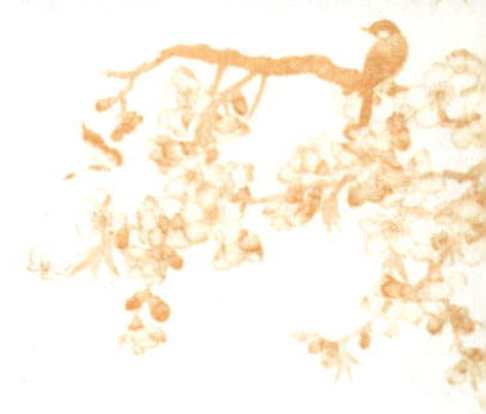

68

三春花鸟犹堪赏，千古文章只自知。文章自是堪千古，花鸟之春只几时？

译 文

三春的花鸟值得欣赏，流传千古的好文章只有自己知道。文章自然可以流传千古，只是花鸟的三春又有多长时间呢？

评 析

生命短暂，花鸟堪赏直须赏。千古文章，甘苦自在我心间。

卷十一 法

自方袍幅巾之态遍满天下，而超脱颖绝之士，遂以同污合流矫之，而世道已不古矣。夫迂腐者，既泥于法，而超脱者又越于法，然则士君子亦不偏不倚，期无所泥越则已矣，何必方袍幅巾，作此迂态耶！集法第十一。

译 文

自从方袍幅巾的道学装扮盛行天下，而且那些超凡脱俗的聪颖之士也同流合污这么打扮，世道就变得人心不古了。迂腐的人既拘泥于法度，而超脱世俗者又逾越法度，然而士君子也只能不偏不倚，期望做到既不拘泥又不逾越法度就可以了，又何须方袍幅巾，做出这种迂腐的模样！因此，编纂了第十一卷“法”。

评 析

只有做真君子，道德修养超凡脱俗的人，才不会拘泥于法度，也不会逾越法度，带来不好的影响。因此，人人需要提高自己的道德修养，这不仅能修身养性，也能更好地适应这个社会，并享受生活。

01

世无乏才之世，以通天达地之精神而辅之，以拔十得五[①]之法眼。一心可以交万友，二心不可以交一友。

注 释

① 拔十得五：选拔人才的方法。

译 文

世上从来不缺乏人才，用通达天地的精神去寻找，拥有拔十得五的眼光。一心一意可以交无数个朋友，一心两用，一个朋友也交不上。

评 析

千里马常有，而伯乐不常有。选拔人才要用心，才能慧眼识珠。

02

凡事，留不尽之意则机圆；凡物，留不尽之意则用裕；凡情，留不尽之意则味深；凡言，留不尽之意则致远；凡兴，留不尽之意则趣多；凡才，留不尽之意则神满。

译 文

做任何事，留一点余地便会更加圆满；凡是物品，留一点余地便会用度宽裕；凡是感情，留一点余地便会意味深长；凡是语言，留一点余地便会情致悠远；凡是兴致，留一点余地便会增加趣味；凡是才情，留一点余地便会神韵饱满。

评 析

做人做事要留有余地，给人机会，也是给自己机会；事物留有余地，才更圆满。

03

有世法，有世缘，有世情。缘非情则易断，情非法则易流。

译 文

有世俗的法则，有世俗的缘分，有世俗的情感。如果缘分中没有情感就容易断绝，如果情感不受法则的约束就会流于放纵。

评 析

法则、情感、缘分，三者密不可分，处理好三者的关系，才能更好地为人处世。

04

世多理所难必之事，莫执宋人道学；世多情所难通之事，莫说晋人风流。

译 文

世上有很多事情仅仅依靠道理是没法解决的，所以不要执着于宋人的道学之说；世上也有很多事情仅仅依靠情感是无法通达的，所以不要议论晋人的风流潇逸。

评 析

对于宋人的道学、晋人的风流，都不可过分执着，不可盲目推崇，毕竟世上还有很多事无法用情理解释清楚。

05

与其以衣冠误国，不若以布衣关世；与其以林下而矜冠裳，不若以廊庙而摽泉石。

译 文

与其做官空谈而误国，不如做平民百姓来关心社会；与其隐居山林还夸耀身份功名，还不如身在朝廷却有归隐的志向。

评 析

在其位，就要谋其政。做官时，就要为国尽忠；退隐后，就要放下功名利禄。

06

眼界愈大，心肠愈小；地位愈高，举止愈卑。

译 文

眼界越开阔，心肠越软；地位越高，举止越要谦卑。

评 析

见过大千世界，更能明白生存不易，认识生命的伟大，所以心肠越软；身在高位而被众人关注，一言一行具有表率作用，所以要更加谦卑谨慎。

07

少年人要心忙，忙则摄浮气；老年人要心闲，闲则乐余年。

译 文

少年人要心中有事，让自己忙碌起来，就能收敛浮躁的心气；老年人要心中悠闲，心闲才能快乐地度过晚年。

评 析

年轻人身上难免有浮躁之气，只有沉下心来做事，让自己的想法付诸行动，才能有所作为。而老年人则要有安然闲适之心，不再为儿女操心忙碌，才能安享晚年。

08

莫行心上过不去事，莫存事上行不去心。

译 文

不要做心里过意不去的事情，不要有事理上行不通的心思。

评 析

当面临艰难选择时，问心无愧，则可以勇敢尝试，否则一生寝食难安，备受煎熬。

09

忙处事为，常向闲中先检点；动时念想，预从静里密操持。

译 文

忙于处事做事，要经常在闲暇时自省检点；做想做的事情，可以先在安静的房间里秘密练习。

评 析

人非生而知之者，一个人的能力和才华，都是一点点学习来的，没有谁能轻而易举成功，吾辈更须努力。

10

以积货财之心积学问，以求功名之念求道德，以爱子之心爱父母，以保爵位之策保国家。

译 文

用积攒财富的心思去积累知识学问，以谋求功名的念头去提高道德，用爱护子女的心去敬爱父母，以保全官位的策略去保卫国家。

评 析

世人往往积极追求金钱功名，却不认真增长学问、提高修养；世人往往爱子心切，对父母却少有耐心；世人往往关注自己的得失，而不关心整个社会。如果人人都能将心比心，世界会更加美好。

11

才智英敏者，宜以学问摄其躁；气节激昂者，当以德性融其偏。

译 文

才智机敏出众的人，适合用学问来收敛浮躁；气节慷慨激昂的人，应该修养德性来消融偏激。

评 析

每个人都有自己的优势和不足，要充分了解自己，并取长补短，用适当的方法让自己保持平和的心态。

12

何以下达？惟有饰非。何以上达？无如改过。

译 文

用什么向下通达名利？只有掩饰错误。用什么向上通达仁义？不如改正过错。

评 析

子曰："君子上达，小人下达。"君子不怕犯错，知错能改，是其通达仁义的方法；小人通过掩饰自己的过错，虽然也可能获得名利，却不是长久之道。

13

一点不忍的念头，是生民生物之根芽；一段不为的气象，是撑天撑地之柱石。

译 文

一点不忍心的念头，是使万民得到教化、万物得到生长的根须萌芽；一段清静无为的气象，是顶天立地的柱石。

评 析

君子有所为，有所不为。做人要有自己的原则，不可做违心之事。

14

君子对青天而惧，闻雷霆而不惊；履平地而恐，涉风波而不疑。

译 文

君子面对青天心生畏惧，听到雷霆之声而不惊慌；君子走平地时会小心谨慎，遇到风波却不感到疑惑。

评 析

君子上畏青天，下畏大地，却不畏惧惊涛骇浪、艰难险阻。君子常常考虑自己的行为是否合乎天意、顺应人情，却从不担心自己的安危。

15

不可乘喜而轻诺，不可因醉而生嗔，不可乘快而多事，不可因倦而鲜终。

译 文

不能乘着兴奋而轻易许诺，不能借着醉酒而生气，不能乘着高兴而多生事端，不能因为疲倦而做事有始无终。

评 析

激烈的情绪容易让人失去理智，所以盛怒时不要做决定，狂喜时亦不要轻易许诺。

16

意防虑如拨，口防言如遏，身防染如夺，行防过如割。

译 文

防止在意念上的胡思乱想就如同拨动山脉一样，防止嘴巴乱说话就如同遏制洪流一样，防止身体染病就如同防止剥夺生命一样，防止行为出现过错要像防止刀割一样。

评 析

谨慎做事，小心做人。很多时候不是我们做不到，而是没有足够的自制力，甚至是没有足够强大的危机感：思虑过多会如大山压倒精神，乱说话如暴发洪水一样害人害己，健康的身体需要锻炼保养，否则会失去生命，犯错时要想象一把钢刀刮骨那么疼。

17

白沙在泥，与之俱黑，渐染之习久矣；他山之石，可以攻玉，切磋之力大焉。

译 文

白色的沙子浸在泥中，就与泥一起变黑了，因为长期浸染而习惯成自然了；别的山上的石头，可以用来雕琢美玉，只是雕琢所费的力气很大。

评 析

近朱者赤，近墨者黑，环境对人的影响非常大。他山之石，可以攻玉，要多看他人的优点，来弥补自己的短处。虽然改变的过程很难，但是为了成为“美玉”，再难也是值得的。

18

芳树不用买，韶光贫可支。

译 文

花草树木，不用拿钱购买；美好春光，穷人也能欣赏。

评 析

世上有很多事物对身无分文的穷人和腰缠万贯的富人是公平对待的，比如时间、生命以及美丽的风景。

19

寡思虑以养神，剪欲色以养精，靖言语以养气。

译 文

寡思少虑以怡养精神，剪除欲望和声色以涵养精力，少言寡语以涵养气血。

评 析

要寡思少虑，不要胡思乱想；要清心寡欲，不要色乱情迷；要沉默是金，不要胡言乱语。如此，可以修身养性，知足常乐。

20

立身高一步方超达，处世退一步方安乐。

译 文

做人比常人高出一步就能超脱通达，与人交往退让一步才能安心快活。

评 析

立身处世，皆有原则，对自己要严格要求，对别人要谦恭有礼。

21

救既败之事者，如驭临崖之马，休轻策一鞭。图垂成之功者，如挽上滩之舟，莫少停一棹。

译 文

挽救已成败局的事，就如同驾驭临近悬崖的马，千万不能轻敲一鞭；做事即将成功的人，就如同把船拉上沙滩，一桨也不能少划。

评 析

行百里者半九十。越是到最后关头，越不能有丝毫懈怠，否则就可能功亏一篑。

22

是非邪正之交，少迁就则失从违之正；利害得失之会，太分明则起趋避之私。

译文

在是非邪正交会的地方，稍微迁就就会失去遵从和违反的原则；在利害得失交会的地方，太过分明就会产生趋利避害的私心。

评析

在是非原则问题上，要态度分明，不可迁就徇私；在个人得失问题上，要宽容待人，不可斤斤计较。

23

事系幽隐，要思回护他，着不得一点攻讦[①]的念头；人属寒微，要思矜礼他，着不得一点傲睨的气象。

注释

① 攻讦（jié）：攻击或揭发别人的短处。

译文

若事情涉及隐私，要思考怎样去维护他，不能有一点攻击或揭发他人隐私的念头；如果人出身贫寒，要思考如何礼待他，不能有丝毫骄傲轻视的样子。

评 析

君子有所为，有所不为。真正有道德修养的人，会处处为别人着想，不会拿别人的隐私作为攻击的把柄，也不会以傲慢的态度对待贫寒之人。

24

毋以小嫌而疏至戚，勿以新怨而忘旧恩。

译 文

不要因为小的嫌隙就疏远亲人，不要因为新生的怨恨就忘掉过去的恩情。

评 析

人生在世，有缘成为亲人、朋友的人将陪伴你一生，是我们宝贵的人生财富，要懂得宽恕，懂得感恩，懂得珍惜。

25

礼义廉耻，可以律己，不可以绳人。律己则寡过，绳人则寡合。

译 文

礼义廉耻，可以用来约束自己，不能用于苛求别人。用来约束自己就可以让自己少犯错误，用来要求别人则不会有人愿意与你亲近。

评 析

严于律己，宽以待人。道德准则是用来约束自己的，不断提高自己的修养，自然有人愿意亲近你。如果拿准则要求别人，自己却做不到，只会让别人远离你。

26

凡事韬晦，不独益己，抑且益人；凡事表暴，不独损人，抑且损己。

译 文

凡事注意收敛低调，不仅有益于自己，而且有益于别人；凡事过于张扬外露，不仅损害别人，而且也害了自己。

评 析

懂得韬光养晦，低调内敛，是一种人生智慧，可以避免遭人忌恨，既能保全自己，也能得到别人的尊敬。

27

觉人之诈，不形于言；受人之侮，不动于色。此中有无穷意味，亦有无穷受用。

译 文

察觉到别人的欺诈而不说出来，受到别人的侮辱而不显露出来。其中有无穷的意味，也有无穷的益处。

评 析

人生中有很多事需要忍耐，忍人所不能忍，方能成人所不能成。

28

爵位不宜太盛，太盛则危；能事不宜尽毕，尽毕则衰。

译 文

官爵地位不要太高，太高就会有危险；能做的事不要都做完，都做完很快就会走向衰亡。

评 析

要懂得“水满则溢，月盈则亏”“盛极必衰”的道理，在恰当的位置和时机选择后退，才不会让自己走向衰亡。

29

遇故旧之交，意气要愈新；处隐微之事，心迹宜愈显；待衰朽

之人，恩礼要愈隆。

译文

遇到很久不见的朋友，情意态度要愈发亲切真挚；处理隐秘微小的事情，心意要更加明确坦诚；对待衰老的人，恩惠和礼貌要更加隆重。

评析

如何待人接物是一门学问，它反映了一个人的道德修养水平，需要终生学习和实践。

30

用人不宜刻，刻则思效者去；交友不宜滥，滥则贡谀者来。

译文

用人不能苛刻，苛刻会让原本愿意为你效力的人离开；交友不能滥，滥交会让阿谀奉承的人乘机而来。

评析

对人宽容友善，有助于团结更多的人，但是交友不能毫无原则，会招来损友。

31

忧勤是美德，太苦则无以适情怡性；淡泊是高风，太枯则无以济人利物。

译 文

做事忧虑勤劳是美德，但是太辛苦就无法怡情养性；淡泊是高尚的品格，但是太过枯燥就无法帮助别人，于事不利。

评 析

努力工作是为了更好地享受生活，否则就是工作的傀儡，只有懂得劳逸结合，保养心情性情，才能创造更多的价值。淡泊是对执着的放下，并不是不关心他人，过于清心寡欲反而不能帮助他人，只能活得越来越没有意义。

32

作人要脱俗，不可存一矫俗之心；应世要随时，不可起一趋时之念。

译 文

做人要脱离世俗，不能心存一种矫正世俗的想法；应对世事要顺应时势，不可生出一种趋附时势的念头。

评 析

世俗是客观存在的东西，只能适应世俗社会，才能更好地生存下去；然而也不能失掉自己的原则，违背道德底线而一味趋附时势。

33

富贵之家，常有穷亲戚往来，便是忠厚。

译 文

富贵的人家，还能常常与贫穷的亲戚来往，这就是忠厚的人家。

评 析

积善之家，必有余庆；忠厚之家，必有余粮。富贵之家如果也是忠厚人家，不仅会持续积累财富，子女也会更有出息。

34

病中之趣味，不可不尝；穷途之景界，不可不历。

译 文

生病时的趣味，不能不去品尝一下；穷途末路的境界，不能不去经历一番。

评 析

中国自古以来就非常推崇挫折教育，比如“知耻而后勇”“吃得苦中苦，方为人上人”“置之死地而后生”等，因为逆境可以锻炼我们的意志，磨炼我们的心智。

35

才人国士，既负不群之才，定负不羁之行。是以，才稍压众则忌心生，行稍违时则侧目至。死后声名，空誉墓中之骸骨；穷途潦倒，谁怜宫外之蛾眉？

译 文

国家的栋梁之材，既然具有卓尔不群的才干，就一定会有豪放不羁的行为。所以，才能稍超众人就会招来忌妒之心，行为稍有不合时宜就会引人侧目而视。他们死后的名声，对于墓中的骸骨来说只是徒有虚名；一旦到了穷困潦倒的时候，谁会可怜被赶出宫的宫女？

评 析

才华横溢的人，在活着时往往遭人嫉恨，死后却得到传世美誉，可是这对于死者又有什么意义呢？

36

贵人之交贫士也，骄色易露；贫士之交贵人也，傲骨当存。君子处身，宁人负己，己无负人；小人处事，宁己负人，无人负己。

译 文

显贵之人与贫寒之士交往，容易露出骄傲的神色；贫寒之士与显贵之人交往，应当保持不屈不挠的风骨。君子立身，宁可别人辜负自己，也绝不辜负别人；小人做事，宁可自己辜负别人，也不能

让别人辜负自己。

评 析

如果现在贫穷，就要学会不卑不亢，保持自己的气节和风骨；如果有朝一日飞黄腾达，也不可对贫寒之人傲慢无礼。君子立身处世必须遵循一定的原则，有舍才有得，做好自己不论得失，才是真正的人生赢家。

37

要治世半部《论语》①，要出世一卷《南华》②。

注 释

① 半部《论语》：所谓"半部《论语》治天下"，出自宋初名相赵普之言："臣平生所知，诚不出此（指《论语》）。昔以其半辅太祖定天下，今欲以其半辅陛下致太平。"

② 《南华》：《南华经》，即《庄子》。

译 文

要治理国家，用半部《论语》就足够了；要脱离尘世，一卷《庄子》就足够了。

评 析

儒家经典《论语》讲的是如何齐家、治国、平天下，道家经典《庄子》讲的是如何潇洒淡泊、顺其自然。

38

祸莫大于纵己之欲，恶莫大于言人之非。

译文

放纵自己的欲望是最大的祸患，说别人的是非是最大的恶行。

评析

放纵自己的欲望、议论他人的是非，在古人看来会招来最大的祸患、造最大的罪孽，这种观点需要现代人好好反省对照自身。

39

求见知于人世易，求真知于自己难；求粉饰于耳目易，求无愧于隐微难。

译文

寻求被别人认识容易，寻求真正认识自己很难；寻求掩人耳目容易，寻求在无人处无愧于心很难。

评析

欺骗别人容易，可是无愧于心很难。无论做什么事，都要先问问自己的心，了解自己的真实想法，避免做出后悔的决定。

40

圣人之言，须常将来眼头过，口头转，心头运。

译 文

圣人说的话，需要经常用眼睛看，用嘴念，用心思考。

评 析

充满智慧的语言需要随时翻阅记忆，看过、念过，还要深入思考，并付诸行动，才能把圣人之言转化为属于自己的东西。

41

与其巧持于末，不若拙戒于初。

译 文

与其在事后弄巧补救，不如在事初老实守规。

评 析

从一开始就规规矩矩，踏踏实实，戒骄戒躁，防患于未然，才是做事应有的态度。

42

君子有三惜：此生不学，一可惜；此日闲过，二可惜；此身一败，三可惜。

译 文

君子应当为三件事感到可惜：今生不学无术，这是第一可惜；今日无所事事，虚度时光，这是第二可惜；今身一事无成，这是第三可惜。

评 析

韶光易逝，君子当抓紧时间学习，不负今日，不负此生，学有所成，方不负此身。

43

士大夫三日不读书，则礼义不交，便觉面目可憎，语言无味。

译 文

士大夫三天不读书，就不能以礼义交往处世，便会觉得他面目可憎、言之无味。

评 析

坚持读书，不仅能持续积累学识，也能下意识规矩自己的礼义言行，自然面目可亲、言之有物。

44

与其密面交，不若亲谅友[①]；与其施新恩，不若还旧债。

注 释

① 谅友：出自《论语·季氏》："益者三友：友直，友谅，友多闻。"

译 文

与其跟场面上的朋友保持亲密，还不如与诚信正直的朋友多亲近；与其布施新的恩泽，还不如归还欠下的旧债。

评 析

广交朋友不如二三知心好友，交友贵在真诚，还清旧债比广施恩泽更显一个人的品格和诚意。

45

士人当使王公闻名多而识面少，宁使王公讶其不来，毋使王公厌其不去。

译 文

读书人应该使王公贵族经常听到他的名字而不经常见到面，宁可使王公贵族为其不来而感到惊讶，也不要让王公贵族厌恶其不离去。

评 析

读书人要有读书人的风骨气节，卑躬屈膝只会让权贵们心生厌恶，还不如专心做学问，好好做人，最终闻达于世。

46

见人有得意事，便当生忻喜心；见人有失意事，便当生怜悯心。皆自己真实受用处，忌成乐败，徒自坏心术耳。

译 文

看到别人有高兴的事，便应该也心生欢喜；看到别人有失意的事，便应该生出怜悯之心。这都是能使自己真正受益的事情，因为忌妒他人成功和幸灾乐祸，只能败坏自己的心性而已。

评 析

为别人的高兴而高兴，为别人的伤心而伤心，这是一种同理心，更是一种美德。

47

恩重难酬，名高难称。

译 文

恩情太重了就难以报答，名声太高了就很难有与之相称的东西。

评 析

“滴水之恩当涌泉相报”，何况深重的恩情，怎么还都还不清，所以还生出另一种矛盾现象“升米恩，斗米仇。”名声太重会活得很累，能与之相匹配的人、事、物就会越来越少，最终成为孤家寡人。

48

待客之礼当存古意：止一鸡一黍，酒数行，食饭而罢，以此为法。

译 文

待客的礼数应当保留古人的风气：只一鸡一饭，饮酒数杯，吃完饭就结束，以此作为待客之道。

评 析

礼数周到，不在于山珍海味、铺张浪费，只在于情真意切，志趣相投。

49

处心不可着，着则偏；作事不可尽，尽则穷。

译 文

居心不可太执着，执着就容易失之偏颇；做事不能做绝，做绝就是给自己断绝后路。

评 析

人可以有追求，但不能有太多欲望，否则容易走入歧途；人做事要留有余地，给自己和他人留有机会，是一种为人处世的智慧。

50

士人所贵，节行为大。轩冕失之，有时而复来；节行失之，终身不可复得矣。

译文

读书人最珍贵的品格，以节操为首。官位丢掉了，还有再得来的时候；节操失掉了，这一生都不能再获得。

评析

如果读书人在做官以后，还能做到重气节而轻官位，那世间的贪污受贿之事便会少很多了。

51

势不可倚尽，言不可道尽，福不可享尽，事不可处尽，意味偏长。

译文

不能完全倚仗权势，不能把话都说完，不能把福气都享尽，也不能把事情做绝，这些话的道理意味深长。

评析

凡事要有所克制，不可以过度，懂得留有余地，才是长久之道。

52

静坐然后知平日之气浮，守默然后知平日之言噪，省事然后知平日之心忙，闭户然后知平日之交滥，寡欲然后知平日之病多，近情然后知平日之念刻。

译 文

沉心静坐就会知道自己平时有多么心浮气躁；保持沉默就能知道平时自己说的话太多；减少事宜就会知道平日心忙而事多；闭门谢客才会知道平常的交往过滥；清心寡欲才知道平时的毛病很多；接近人世情俗才知道自己平常十分刻薄。

评 析

让自己变得更优秀是人类与生俱来的本能，经常静下心来反省自己，就能发现自己的不足，在这种不断反省的过程中，才能认识自己、提高自己。

53

喜时之言多失信，怒时之言多失体。

译 文

欢喜时说的话多数会失信，生气时说的话多数有失体面。

评 析

保持自己的情绪稳定，对自己说的话负责任，尽量避免在情绪不稳定时说话和做决定。同时也要明白，大喜大怒时说的话都不足为信，要有辨别的能力。

54

泛交则多费，多费则多营，多营则多求，多求则多辱。

译 文

广泛结交就容易花费过多，花费过多就要多方经营，多方经营就要多求别人，多求别人就容易多受侮辱。

评 析

在社交过剩的当今社会，更要提高交朋友的质量，否则不加甄别就广交、滥交朋友，只会浪费自己的时间、金钱和精力。

55

正以处心，廉以律己，忠以事君，恭以事长，信以接物，宽以待下，敬以处事，此居官之七要也。

译 文

以公正居心，以廉洁律己，以忠诚侍奉君王，以恭敬侍奉长辈，以诚信待人接物，以宽厚对待下属，以谨慎处理事情，这是做官的七个原则。

评 析

做官是一门学问，如何对人对己，如何待人接物都要遵循一定的原则，这样才能在保全自身的同时实现自我价值，为社会做出贡献。

56

圣人成大事业者，从战战兢兢之小心来。

译 文

圣人能够成就一番大事业，都是从小心谨慎开始的。

评 析

庄子曰："谨慎能捕千秋蝉，小心驶得万年船。"圣人尚且要小心谨慎行事，避免灾祸，现代人想要建功立业也必须遵循这个道理。

57

酒入舌出，舌出言失，言失身弃。余以为弃身，不如弃酒。

译 文

喝酒后就会口无遮拦，言多必失，遭人嫌弃。我认为与其遭人嫌弃，不如戒酒。

评 析

饮酒似乎可以解千愁、忘万忧，所以古代文人爱酒者甚多，但是饮酒误事的现象也时有发生。尤其是在当今社会，更要学会适量饮酒，以免害人害己。

58

青天白日，和风庆云，不特人多喜色，即鸟鹊且有好音。若暴风怒雨，疾雷幽电，鸟亦投林，人皆闭户。故君子以太和元气[①]为主。

注 释

① 太和元气：古代指阴阳冲和的元气。

译 文

青天白日，和风祥云，不仅人喜笑颜开非常开心，就连鸟鹊也叫

得十分好听。如果是暴风怒雨、电闪雷鸣的天气，鸟都会躲到树林里，人们也都关闭门窗。所以君子要以天地间的冲和之气为主。

评 析

人们都喜欢风和日丽的好天气，自然也喜欢亲近光明快乐、心性平和的人。

59

胸中落意气两字，则交游定不得力；落《骚》《雅》[1]二字，则读书定不深心。

注 释

① 《骚》《雅》：指的是《离骚》，以及《诗经》中的大雅、小雅。

译 文

心中没有意气二字，那么交朋友一定不会得心应手；心里没有《骚》《雅》，那么读书就一定不能深入内心。

评 析

交朋友需要意气投合，志向、气概不相投则无法成为朋友；读书需要品读经典之作，才能获益良多。

60

交友之先宜察，交友之后宜信。

译 文

交朋友之前应该仔细考察，交朋友之后应该充分信任。

评 析

交友之前要认真考察一个人的品性，才能知道值不值得交往。而一旦认定了这个朋友，便要给予充分的包容、信任和真诚。

61

惟书不问贵贱贫富老少，观书一卷，则有一卷之益；观书一日，则有一日之益。

译 文

只有读书是不分贫富贵贱和男女老少的事情，读一卷书，就能获得一卷的好处；读一天书，便能收获一天的好处。

评 析

开卷有益，读书是很公平的事，只要你认真去读，肯定会有收获。

62

坦易其心胸，率真其笑语，疏野其礼数，简少其交游。

译 文

心胸要坦荡简单，笑语要率直天真，礼数要简单自然，交游要简便减少。

评 析

简单就是智慧，就是幸福。这样心胸坦荡、率直天真，又不讲繁文缛节的人，肯定会活得很开心，跟这样的人交朋友也会很自在。

63

好丑不可太明，议论不可务尽，情势不可殚竭，好恶不可骤施。

译 文

美丑不可以太过分明，议论不可以说得太绝对，情势不可以不留余地，好恶不能马上表现出来。

评 析

世上很多事情并不是“非黑即白”的绝对，要有点到即止的生活智慧和宽以待人的道德修养，才容易抓住机会，得到幸福。

64

开口讥诮人，是轻薄第一件，不惟丧德，亦足丧身。

译 文

张嘴就讥讽嘲笑他人，是最轻薄的事情，不仅丧失了自己的品德，而且会招致丧命之祸。

评 析

口下留德，谨言慎行，修身养性，大智慧也。

65

人之恩可念不可忘，人之仇可忘不可念。

译 文

别人对自己的恩惠，要记在心头，不可忘记；与别人的仇怨则要尽快忘记，不要念念不忘。

评 析

要记住别人的恩德，滴水之恩当涌泉相报；而忘记怨恨，是对别人的宽恕，也是为了让自己活得轻松快乐。

66

不能受言者，不可轻与一言，此是善交法。

译 文

对于听不进他人意见的人，不要轻易给他意见，这是比较好的交往方法。

评 析

对于自以为是、从来不听别人意见和建议的人，要保持沉默。

67

君子于人，当于有过中求无过，不当于无过求有过。

译 文

君子对待别人，应当在过错中寻找没有过错的地方，不应该在没有过错的地方挑过错。

评 析

宽以待人，不计较他人的错误，得饶人处且饶人，会收获更多人心，感知更多幸福。

68

我能容人，人在我范围；报之在我，不报在我。人若容我，我在人范围；不报不知，报之不知。自重者然后人重，人轻者由我自轻。

译 文

我能宽容别人，别人就在我的接受范围内；报答或不报答都完全在于我。如果是别人宽容我，我就在别人的范围内了；不报答别人不知道，报答了别人也可能不知道。人只有自己尊重自己，别人才会尊重你；别人轻视你，是由于你自己看不起自己。

评 析

心胸宽广，才能被人宽容；尊重自己，才能受人尊重。

69

高明性多疏脱，须学精严；狷介[①]常苦迂拘，当思圆转。

注 释

① 狷（juàn）介：正直孤傲，洁身自好 。

译 文

见识高远的人大多性情疏懒，必须学习精细严谨的作风；孤高自负的人常苦于迂腐拘泥，应当学会思想活跃、圆滑灵活。

评 析

每个人身上都有缺点和优点，即使是圣人伟人，也都要正确认识自己，并取他人的长处弥补自己的短处，才能不断完善自己。

70

性不可纵，怒不可留，语不可激，饮不可过。

译文

性情不能放纵，愤怒不能保留，说话不能偏激，饮酒不能过量。

评析

凡事过犹不及，要懂得适可而止的道理。

71

能轻富贵，不能轻一轻富贵之心；能重名义，又复重一重名义之念。是事境之尘氛未扫，而心境之芥蒂未忘。此处拔除不净，恐石去而草复生矣。

译文

能够轻视富贵，可心里却没有放下要轻视富贵的念头；能够重视名义，可心里却还在加重要重视名义的念头。这是因为外界事物的灰尘还没有清扫干净，而心中的芥蒂还没有忘记。这里没有打扫干净，恐怕就算把石头搬走了草还会再长出来。

评析

一些事情，表面放下容易，心里真正放下却很难，就好像隐居的人不断告诉自己要放下尘世的富贵功名，这其实是没有真正放下的表现。

72

纷扰固溺志之场，而枯寂亦槁心之地。故学者当栖心玄默，以宁吾真体；亦当适志恬愉，以养吾圆机[1]。

注 释

① 圆机：喻超脱是非，不为外物所拘牵。

译 文

世间纷扰固然会消磨人的意志，而枯燥寂寞也是人心憔悴的原因。因此学者应当潜心静默，以使自己的身体保持安宁；也应当顺应志趣，保持心情愉快，以修养自己超脱物外的心态。

评 析

人生在世，难免被世间的纷扰所牵绊，也难免会感到孤单寂寞，如何让自己清心寡欲、超然物外呢？古人可以“栖心玄默”“适志恬愉”，现代人亦可以多读一些书，多走一些路，让自己见多识广，让心灵少一些浮躁。

73

待小人不难于严，而难于不恶；待君子不难于恭，而难于有礼。

译 文

对待小人，做到严厉并不难，难的是心里不厌恶他们；对待君

子，做到谦恭并不难，难的是言行有礼。

评 析

对于不同的人，人们往往会用不同的态度，比如亲君子、远小人。然而，如果能做到对于小人所犯的错误给予宽容和体谅，并引导他更好地做人；对于君子不只是表面上的恭敬，而是愿意学习他的德行，那么世界将会更加美好。

74

市私恩，不如扶公议；结新知，不如敦旧好；立荣名，不如种隐德；尚奇节，不如谨庸行。

译 文

以私惠取悦他人，不如扶持一下公众赞同的提议；结交新的朋友，不如加深与老朋友的情谊；树立荣誉名声，不如修养别人看不见的德行；崇拜英雄气节，不如自己平时谨言慎行。

评 析

一个心怀天下的人，自然会听取广大民众的意见。如果一个人只是为了追求自己的荣华富贵而做表面文章，就不会为百姓干实事。

一个重视朋友的人，即便结交新朋友，也绝不会忘了老朋友。

75

有一念之犯鬼神之忌，一言而伤天地之和，一事而酿子孙之祸者，最宜切戒。

译文

如果一个念头触犯了鬼神的禁忌，一句话破坏了天地间的祥和，一件事给子孙留下了祸害，这样的事情最好全都戒掉。

评析

要谨言慎行，不该说的话不要说，不该做的事不要做。

76

老成人受病，在作意步趋[1]；少年人受病，在假意超脱。

注释

① 作意步趋：装腔作势。

译文

老成人受到诟病，常常在于装腔作势、亦步亦趋；少年人受到指责，常常在于假装超脱。

评 析

年轻人应该充满朝气，而不要故作洒脱。老年人应该成熟睿智，而不要倚老卖老、装腔作势。

77

为善有表里始终之异，不过假好人；为恶无表里始终之异，倒是硬汉子。

译 文

如果做好事却做不到表里如一、善始善终，不过是佯装好人；如果做恶事表里如一、始终如一，倒可以说是条硬汉子。

评 析

世界上没有绝对的好人，也没有绝对的坏人。对人对己，保持真诚，表里如一，是做人的基本原则。

78

《水浒传》无所不有，却无破老一事，非关缺陷，恰是酒肉汉本色。如此，益知作者之妙。

译 文

《水浒传》一书中什么都有，却唯独没有写老年人的事情，这不是作品的缺陷，而正好是酒肉英雄汉的本色。由此，可以知晓作者的用心奇妙。

评 析

俗话说，少不看《水浒》，老不看《三国》。《水浒传》描写英雄好汉的故事，不仅是老年人写的，也主要是给老年人看的。

79

书是同人，每读一篇，自觉寝食有味；佛为老友，但窥半偈，转思前境真空。

译 文

书是志同道合的朋友，每读一篇，就会觉得自己吃饭睡觉都是香的；佛是相识已久的朋友，只要读懂半句偈语，转而想起前尘往事一切皆空。

评 析

喜欢读书，书自然可以调剂生活，增加趣味；心中有佛，佛自然可以帮你看透凡尘，超然物外。

80

国家用人，犹农家积粟，粟积于丰年，乃可济饥；才储于平时，乃可济用。

译 文

国家用人，就如同农村家庭积蓄粮食；在丰收之年积蓄粮食，才可以用来救济饥年；在平时储备人才，才可以在需要的时候派上

用场。

评析

养兵千日，用兵一时。人才需要提前培养，而不是用时才去寻找。

81

考人品，要在五伦[①]上见。此处得，则小过不足疵；此处失，则众长不足录。

注释

① 五伦：即君臣、父子、兄弟、夫妇、朋友五种人伦关系。

译文

考察人品，要在五种人伦关系上看。如果在五伦上表现好，那么别的小过错不足以成为瑕疵；如果五伦上有所失误，那么其他长处再多都不值得录用。

评析

选拔人才，要德才兼备，以德为先。德是立身之本，非常重要；品德有失，便难当大任。

82

志不可一日坠，心不可一日放。

译 文

志向一天都不能降低，心劲一天也不能放松。

评 析

有志者，事竟成。所以要志存高远，一心努力，才能成就大事。

83

精神清旺，境境都有会心；志气昏愚，处处俱成梦幻。

译 文

精神清爽旺盛，一切事情都有会心的感觉；志气昏沉愚钝，无论何时都是梦幻般不清不楚。

评 析

境随心转，一个人的精神和志气，会影响人的行为。心里有阳光，便能看到曙光。

84

酒能乱性，佛家戒之；酒能养气，仙家饮之。余于无酒时学佛，有酒时学仙。

译 文

喝酒能迷乱人的性情，因此佛家戒酒；喝酒能颐养气血，因此仙家饮酒。我在没酒时就学习佛家，有酒时就学习仙家。

评 析

人生在世，喝酒也能够这般收放自如，真是活得潇洒自在。无论何时，既能拿得起，又能放得下，实在是拥有大智慧之人。

卷十二　倩

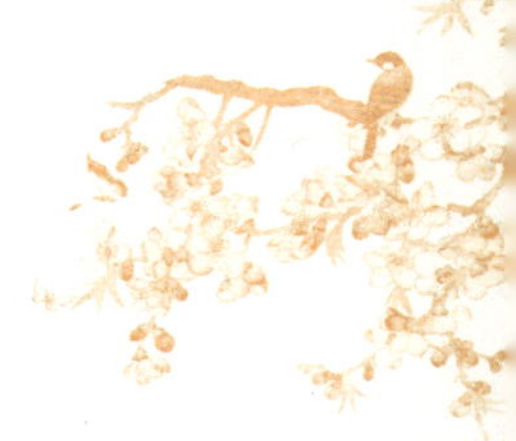

倩不可多得，美人有其韵，名花有其致，青山绿水有其丰标。外则山臞韵士，当情景相会之时，偶出一语，亦莫不尽其韵，极其致，领略其丰标。可以启名花之笑，可以佐美人之歌，可以发山水之清音，而又何可多得！集倩第十二。

译文

美妙的东西不可多得，美人自有风韵，名花自有情致，青山绿水自有姿态。还有隐士的高风雅韵，当他们遇到会心之景时，偶然说出的一句话，也都极尽表达了当时之景的韵味情致，让人可以尽情领略其中的美好。同时，可以使名花绽放，给美人之歌伴舞，使山水发出美妙的声音，这样的美妙之事又怎么能经常得到呢？因此，编纂了第十二卷“倩”。

评析

美妙之事，不可多得，不仅因为“物以稀为贵”，也是因为要与周边环境和谐共处。人生已经遇到美好，已经是幸运了，不要刻意追寻而破坏环境或者影响他人，否则失去自然也就没有了韵味、情致、姿态以及美丽的心情，所以珍惜已经拥有的，学习古人的高风亮节，与大自然和谐相处，我们也会收获更多美妙之事。

01

会心处，自有濠濮间想[①]，然可亲人鱼鸟；偃卧时，便是羲皇上人[②]，何必秋月凉风。

注释

① 濠濮间想：庄子和惠子曾在濠梁交往，在濮水垂钓。此处指悠闲清淡的思绪。

② 羲皇上人：陶渊明自比。

译文

会心之处，自然会生出悠闲清淡、逍遥无为的思绪，然后就可以与人、鱼、鸟相亲近了；仰卧时，便像陶渊明那样自比羲皇上人的闲适自在，何必在乎有没有秋月与凉风呢？

评析

无论身居朝野，只要心灵安闲自在，都可以体会到身处大自然的乐趣。

02

一轩明月，花影参差，席地便宜小酌；十里青山，鸟声断续，寻春几度长吟。

译 文

一轮明月悬空，花影光怪陆离，席地便可以对月小酌；十里青山郁郁葱葱，各种鸟鸣声时断时续，前去踏青寻春长吟不绝。

评 析

不管是欣赏明月、席地小酌，还是倾听鸟声、踏青长吟，都反映着生活的闲适和自在。

03

入山采药，临水捕鱼，绿树阴中鸟道；扫石弹琴，卷帘看鹤，白云深处人家。

译 文

去山中采药，到水边捕鱼，绿树荫下有山路崎岖；清扫一块石头，在上面弹奏古琴，卷起帘子欣赏仙鹤，白云深处有过着闲适生活的人家。

评 析

这种悠然自在的世外桃源般的生活，真是惬意，让人好生向往！

04

瘦竹如幽人，幽花如处女。

译 文

消瘦的竹子如同隐士，幽静的花朵就像处女。

评 析

全句摘自苏东坡的《书鄢陵王主簿所画折枝二首》。自然界的一草一木在诗人眼中都充满情调。

05

晨起推窗，红雨乱飞，闲花笑也；绿树有声，闲鸟啼也；烟岚灭没，闲云度也；藻荇可数，闲池静也；风细帘青，林空月印，闲庭悄也。山扉昼扃，而剥啄每多闲侣；帖括因人，而几案每多闲编。绣佛长斋，禅心释谛，而念多闲想，语多闲词。闲中滋味，洵足乐也。

译 文

清晨起来推开窗户，落花飞舞，是花朵在悠闲微笑；绿树上传来声音，是闲鸟在啼叫；烟雾散尽，是闲云在飘来荡去；藻荇清晰可见，是闲池安静；微风徐来，竹帘青翠，树林空寂，月光朗照，

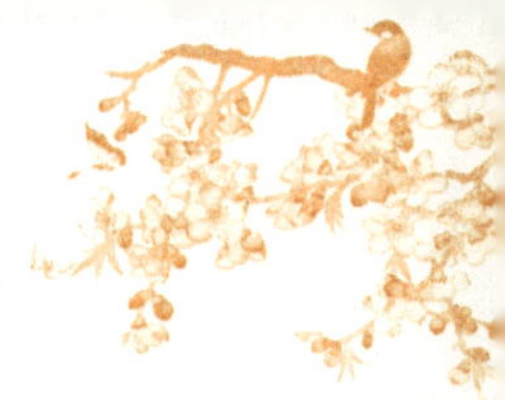

是闲庭悄寂。山居柴门白天开着，叩门拜访的人多是悠闲无事的朋友；科举应试的文章通常要看人而定，而几案上多放闲书。绣着佛像，常年吃素，用禅心阐释困惑，而心里的念头多是悠闲的想法，语言中多是悠闲的词句。这些悠闲的滋味，确实足以使人快乐。

评 析

闲花、闲鸟、闲云、闲池、闲庭、闲编、闲想、闲词，构成了这个闲人的生活，仿佛整个人都融入自然之中，而现代人恐怕难以体会并拥有这样的闲情雅趣。

06

水流云在，想子美①千载高标；月到风来，忆尧夫②一时雅致。何以消天下之清风朗月，酒盏诗筒；何以谢人间之覆雨翻云，闭门高卧。

注 释

① 子美：即唐代诗人杜甫，字子美。

② 尧夫：宋代理学家邵雍，字尧夫。

译 文

水静静地流淌，云悠闲地飘荡，不禁想起杜甫树立的千载榜样；明月当空，清风徐来，不禁追忆邵雍曾经的雅致。如何享受人间的清风朗月，唯有把酒吟诗；怎样才能谢绝人间变幻莫测的险恶境界，自然是关上门睡觉。

评 析

抛开世间的烦忧，享受清风朗月、水流云在的日子，尽情把酒吟诗，不也是一种快乐的生活吗？

07

雨中连榻，花下飞觞，进艇长波，散发弄月。紫箫玉笛，飒起中流，白露可餐，天河在袖。

译 文

在雨中连榻而坐，在花下传杯痛饮，驾起小船逐开波浪在水上嬉戏，披散头发欣赏月色。紫箫玉笛的优美旋律，忽然从中流传来，让人觉得洁白的露珠可以取来喝，连银河仿佛也可以装进衣袖。

评 析

人与自然融为一体，这种默契只可意会不可言传，文中描绘的惬意之赏，如身临其境一般令人陶醉向往。

08

无事当看韵书，有酒当邀韵友。

译 文

闲来无事时，应该阅读风雅的诗书；有好酒的时候，应该邀请清雅的诗友。

评 析

古代文人推崇高雅的生活方式，无事时读雅书，与雅人饮酒赋诗，便得风雅情趣。

09

良夜风清，石床独坐，花香暗度，松影参差。黄鹤楼可以不登，张怀民[①]可以不访，《满庭芳》可以不歌。

注 释

① 张怀民：名梦得，北宋清河人。

译 文

美好的夜晚，清风徐来，一个人坐在石榻上，阵阵花香暗浮，松影斑驳。眼前的景致如此美好，就可以不登黄鹤楼那样的名胜，不访张怀民那样志同道合的朋友，也可以不唱《满庭芳》那样的经典名词。

评 析

享受眼前最美的风景，乐在其中；享受此刻拥有的生活，活在当下。

10

茅屋竹窗，一榻清风邀客；茶炉药灶，半帘明月窥人。

译 文

茅屋竹窗里，清风吹拂着床榻，仿佛在邀请客人；茶炉药灶旁，半帘明月进入屋内，仿佛在偷看屋中的人。

评 析

清风明月，对每个人都是公平免费的，但只有真正懂得欣赏的人，才能体会到这处风景的美。

11

娟娟花露，晓湿芒鞋；瑟瑟松风，凉生枕簟[1]。

注 释

① 簟（diàn）：竹席。

译 文

花上的露水缓缓流动，清晨时打湿了草鞋；松林中刮起了阵阵凉风，吹凉了石枕竹席。

评 析

晨露打湿草鞋，松风吹凉竹席，可见秋意渐浓。

12

小桥月上，仰盼星光，浮云往来，掩映于牛渚[1]之间，别是一种晚眺。

注 释

① 牛渚：山名，在今安徽省当涂县西北长江边。

译 文

小桥流水，新月刚刚升起，仰望天空，星光闪烁，浮云飘来荡去，掩映在牛渚山与长江之间，这种夜晚远眺的风光真是别有一番韵味。

评 析

白天有白天的风景，夜晚有夜晚的韵味，只需人细细品味。

13

医俗病莫如书，赠酒狂莫如月。

译 文

读书是医治庸俗之病的最好方法，明月是赠给嗜酒之人的最佳礼物。

评 析

读书开阔眼界，自然有助于人超脱俗世；明月清朗皎洁，对月饮酒，岂非天下乐事?

14

明窗净几，好香苦茗，有时与高衲谈禅；豆棚菜圃，暖日和风，无事听友人说鬼。

译 文

窗明几净，焚上好香，泡上好茶，有时与高僧谈禅论道；豆棚菜园，风和日丽，闲来无事，就听好友讲鬼故事。

评 析

既可谈禅论道，又可听鬼故事，如此生活，雅俗共赏，乐趣颇多。

15

花事乍开乍落，月色乍阴乍晴，兴未阑，踌躇搔首；诗篇半拙半工，酒态半醒半醉，身方健，潦倒放怀。

译 文

花忽开花落，月亮忽阴忽晴，这样的景致还没有尽兴，让人不禁抓耳挠腮；新作的诗篇半好半坏，酒态半醒半醉，刚好身体好，就潦倒开怀畅饮。

评 析

花开花落，月有阴晴圆缺，人有悲欢离合，这都是自然规律，而生活仍要继续，仍要保持愉快的心情，才能真正享受生活。

16

石上藤萝，墙头薜荔，小窗幽致，绝胜深山，加以明月清风，物外之情，尽堪闲适。

译文

石头上爬满藤萝，墙上盛开着木莲花，透过小窗看到清幽的景致，绝对胜过深山风景，再加上皎洁明月和阵阵清风，一片世外超脱之情景，让人可以尽情享受这种闲适之趣。

评析

不能游览名山大川，也可以学习古人在家布置一个“小窗幽致”的美景，自娱自乐，陶冶性情。

17

出世之法，无如闭关。计一园手掌大，草木蒙茸，禽鱼往来，矮屋临水，展书匡坐，几于避秦，与人世隔。

译文

脱离世俗的方法，最好就是闭门谢客。开辟一个很小的园圃，其中草木丛杂，飞鸟游鱼自来自往，矮门正对着流水，打开一卷书正襟危坐，这样几乎就像躲避秦时战乱的桃花源里的人们一样与世隔绝。

评 析

心灵远离尘世，即便不去深山，亦可以超然物外。

18

山上须泉，径中须竹。读史不可无酒，谈禅不可无美人。

译 文

山上必须有清泉，小径必须有翠竹。读史书时身边不能没有美酒，谈禅时身边不能没有美人。

评 析

山上有清泉才有活力，小径有竹林才有生机。读史饮酒可助豪兴，谈禅有美人可看破骷髅美人。

19

蓬窗夜启，月白于霜。渔火沙汀，寒星如聚。忘却客子作楚，但欣烟水留人。

译 文

夜晚时分，把蓬门草舍的窗户打开，只见月光比秋霜还要洁白。沙洲上的点点渔火如星光汇聚。眼前之景使自己忘记了客居楚地的惆怅，流连忘返于这烟水美景中欣喜不已。

评 析

既然“烟水留人”，就尽情欣赏这明月渔火，暂时忘却忧愁吧。

20

无欲者其言清，无累者其言达。口耳巽入，灵窍忽启，故曰不为俗情所染，方能说法度人。

译 文

没有欲望的人往往说话清高；没有负累的人往往说话通达。听到恭顺谦卑的话语，人的灵窍就会突然开启。所以说，人不被尘世俗情所束缚，才能讲说佛法，超度他人。

评 析

无欲则刚，无累则达。人世间的欲望和负累让人痛苦不堪，如果能够放下牵绊，就会活得潇洒通达。

21

临流晓坐[①]，欸乃[②]忽闻，山川之情，勃然不禁。

注 释

① 坐：打坐。

② 欸（ǎi）乃：行船摇橹声。

译 文

清晨在溪边打坐，忽然听到摇橹行船的声音，心中的山川之情，就情不自禁勃然而生。

评 析

从古至今，人类对山川的向往之情就像本能一样情不自禁，人类作为万物之灵，有责任和义务保护好这片自然美景。

22

晓入梁王之苑[1]，雪满群山；夜登庾亮之楼[2]，月明千里。

注 释

① 梁王之苑：汉梁孝王所建的东苑，在今河南开封。

② 庾亮之楼：晋人庾亮建的楼，在今武汉。

译 文

早上走进梁王所建的东苑，看见群山被白雪覆盖；夜晚登上庾亮建造的楼宇，看见明月映照千里。

评 析

白天看白雪覆盖的山景，夜晚登楼看明月千里，别有一番韵味。

23

刘伯伦携壶荷锸，“死便埋我”，真酒人哉！王武仲闭关护花，不许踏破，直花奴耳。

译 文

刘伯伦出门总是带着酒壶、铁锹随行，他说：“如果我死了就随地掩埋。”这是真正嗜酒如命的人啊！王武仲喜欢关起门来养花，不许人践踏，这简直是花奴。

评 析

酒痴，有看破生死的豪情；花痴，有淡泊名利的清高。如果放不下执着，那么做一名酒痴或者花痴，也是非常享受的事情吧。

24

一声秋雨，一行秋雁，消不得一室清灯；一月春花，一池春草，绕乱却一生春梦。

译 文

一场秋雨飘洒，一行秋雁哀鸣，灭不掉屋中清灯的光亮；一片月下的春花，一池碧绿的春草，却惊扰了一生的春梦。

评 析

不管秋日多么凄清，只要春天到来，百花盛开，百鸟争鸣，总是能给人带来希望。

25

一片秋色，能疗客病；半声春鸟，偏唤愁人。

译文

一片寂寥的秋色，可以治疗生病的客人；春鸟的小声啼鸣，偏偏唤醒了忧愁的思绪。

评析

秋天寂寥，却也秋高气爽，客居他乡的人可以展望亲友相聚；春光灿烂，却也春愁无限，春鸟初啼也能惹来有心人的相思哀愁。

26

寻芳者追[1]深径之兰，识韵者穷[2]深山之竹。

译文

寻找芳草的人，追寻长在深山幽谷的兰花；懂得韵致的人，看遍深山中的翠竹。

评析

兰、竹与菊、梅合称为“四君子”，都是清雅、高洁的象征。隐士幽居深山，与兰、竹为伴，是最具清雅韵致的人。

27

幽人到处烟霞冷，仙子来时云雨香。

译 文

隐士所到之处，连烟霞都变得清冷了；仙女来的时候，连云雨都散发着清香。

评 析

隐士已不恋凡尘，无世俗之气，孤高清冷是自内而外的超脱气息。

28

何为声色俱清？曰：松风水月，未足比其清华。何为神情俱彻？曰：仙露明珠，讵能方其朗润。

译 文

什么可以称作声音和颜色都清雅呢？回答是：松间的徐徐清风，水上的皎洁明月，都比不上它的清雅光明。什么称得上精神和情态都透彻通达呢？回答是：仙草上的露珠，晶莹剔透的珍珠，都不能与它的明亮润泽相媲美。

评 析

摘自《大唐三藏圣教序》，这句话是指三藏法师的清雅通透是无法比拟的。

29

“逸”字是山林关目[①]，用于情趣，则清远多致；用于事务，则散漫无功。

注 释

① 关目：最重要的特征。

译 文

“逸”是隐居山林最重要的特征，用在情趣上，那么清雅高远是很恰当的韵致；用在做事上，如果过于散漫，往往不能成事。

评 析

同样一种品质，用在不同的事情上，可能就有截然不同的效果。对于情趣，自然可以清雅自在、悠闲安逸，但是做事必须认真，才能获得成功。

30

宇宙虽宽，世途眇于鸟道；征逐日甚，人情浮比[①]鱼蛮[②]。

注 释

① 浮比：木排。

② 鱼蛮：渔夫。

译 文

宇宙虽然非常宽阔，但是世俗之路却比鸟道还要狭窄；争名夺利日益严重，人与人之间的感情就像渔夫驾的小船一样虚浮。

评 析

天宽地广，却充满争名夺利的庸俗之事，让人不堪入目。聪颖高绝之士早已看破，只好远离尘世，幽居山林。

31

尘情一破，便同鸡犬为仙，世法相拘，何异鹤鹅作阵。

译 文

尘世的情缘一旦打破，便可以和鸡犬一起升仙了；世俗法情互相束缚，与鹤鹅列阵那样做作拘束没有什么不同。

评 析

心中了断尘缘，便能悠闲自在，与神仙无异；挣脱不了世情束缚，就只能继续沉沦苦海。

32

高士岂尽无染，莲为君子，亦自出于污泥；丈夫但论操持，竹作正人，何妨犯以霜雪。

译 文

高雅之士也不能完全脱离世俗、一尘不染，莲花是花中君子，也是从淤泥中生长出来；大丈夫只要有节操，竹子号称直节正人，即使受到霜雪侵犯又何妨？

评 析

出淤泥而不染，才是真高洁；凌风霜而不屈，才是真气节。